中国青年艺术学养提升读本

一生必知的
西方建筑事典

崔杨 主编　李哲 编著

内蒙古出版集团
内蒙古人民出版社

图书在版编目(CIP)数据

一生必知的西方建筑事典 / 崔杨主编；李哲编著.
—呼和浩特 ：内蒙古人民出版社，2015.9
（中国青年艺术学养提升读本）
ISBN 978－7－204－13424－3

Ⅰ.①一… Ⅱ.①崔… ②李… Ⅲ.①建筑史－西方国家－青年读物 Ⅳ.①TU－091

中国版本图书馆 CIP 数据核字(2015)第 084779 号

一生必知的西方建筑事典

主　　编	崔　杨
编　　著	李　哲
责任编辑	晓　峰
策　　划	晓　峰
封面设计	映象视觉
出版发行	内蒙古人民出版社
地　　址	呼和浩特市新城区中山东路 8 号波士名人国际 B 座 5 楼
网　　址	http://www.nmgrmcbs.com
印　　刷	内蒙古爱信达教育印务有限责任公司
开　　本	710mm×1000mm　1/16
印　　张	13
字　　数	270 千
版　　次	2015 年 9 月第 1 版
印　　次	2015 年 11 月第 1 次印刷
印　　数	1—4000 册
书　　号	ISBN 978－7－204－13424－3/TU・17
定　　价	29.80 元

如发现印装质量问题，请与我社联系。联系电话：(0471)3946120　3946173

YSXY

艺术学养

TSDB

提升读本

前　言 Introduction

当你翻开这本《一生必知的西方建筑事典》，你就会了解到西方建筑发展中的每一个重要事件，这些重要事件都与西方建筑史上的重要建筑分不开的，这些重要建筑的文化特征和历史背景，都是人类历史的见证。

西方建筑的史前意识萌芽得益于洞穴和栖息的树枝，欧洲最早出现的石头住所的外形非常像树枝棚，而山洞后来发展成地穴，地穴又发展到石头住所。蒙娜亚德拉巨石神庙就是西方史前建筑的代表。

大约在公元前4000年前后，由于西方奴隶制国家的出现，在强大的专制统治下，以金字塔为代表的古代埃及建筑开始出现，在两河流域，各种人类早期建筑得到了空前的发展，出现了米诺斯迷宫等精美的人类早期建筑。

西方建筑进入古希腊和古罗马时期，欧洲古典主义建筑得到了蓬勃发展。古希腊建筑风格和古罗马建筑风格，是欧洲古典主义建筑艺术的重要渊源。古罗马建筑的代表是古罗马斗兽场、万神庙以及图拉真纪功柱。而古希腊的建筑代表，非巴特农神庙莫属。

中世纪前期的建筑，严谨而不乏奢华，多为教堂、修道院等宗教建筑，宗教味浓烈。中世纪后期建筑风格一般以哥特式为主，它亲历了中世纪的巅峰期与衰退期，并直接孕育了文艺复兴时期的建筑艺术。

文艺复兴风格的建筑，多以形式繁杂、追求装饰的巴洛克

和洛可可建筑风格为主，典型实例有圣卡罗教堂、拉斐特城堡以及巴黎苏俾士府邸等。

在文艺复兴时期，西方还出现了复古思潮的建筑。这种建筑在借鉴古希腊古罗马的古典建筑风格的基础上，发展出彰显个性的建筑以及模仿各种其他风格的建筑，如残疾军人收养院新教堂、波茨坦的宫殿和庭院等。

随着工业革命的发展，一大批新材料、新技术开始应用到建筑中去，建筑的形式也变得更加多样化。英国水晶宫从根本上改变了人们对建筑的传统观念，揭开了现代建筑的序幕。埃菲尔铁塔是世界上第一座钢铁结构的高塔，是世界建筑史上的一个创举。

“一战”结束后，欧洲处在经济复苏阶段。精雕细刻，耗时费力费财的建筑形式很难再适应社会的需求。建筑专家所想的，就是建筑如何同迅速发展的科学技术相适应，满足越来越复杂的使用要求。鲍豪斯学院、古根海姆美术馆、流水别墅等建筑纷纷交出了圆满的答卷，这些建筑也因此成为现代建筑发展史上的一座座里程碑。

“二战”后，西方的建筑界开始了一场关于现代建筑形式和内容的大胆探索，其中最重要的实践就是联合国总部大厦以及马赛公寓。从这些建筑实践中可以看出，战后建筑学家探索的艰辛，其中的经验和教训都是弥足珍贵的。

随着现代建筑逐步走向成熟，追求多元化的建筑也发展起来了。昌迪加尔高等法院是多元化建筑的代表作。这时期，美国世贸中心大楼的建立，标志着建筑技术已达到了一个很高的水平。

在20世纪60年代和70年代，后现代主义建筑得到了发展。这时期的建筑师们大胆探索全新的建筑形式，把建筑学向更深和更广的方向推进，并且进行了大量的实践。朗香教堂、悉尼歌剧院和戴高乐机场等后现代建筑的横空出世，震动了全世界……

现在我们就一起进入西方建筑的发展隧道，开始一段唯美的旅程。

目 录 Contents

▲马丘比丘城

▲金字塔

第一章
建筑从萌芽走向发展

西方建筑的史前萌芽得益于洞穴和栖息的树枝，欧洲最早出现的石头住所的外形非常像树枝棚，而山洞后来发展成地穴，地穴又发展到石头住所。

大约在公元前4000年前后，由于西方奴隶制国家的出现，在强大的专制统治下，以金字塔为代表的古代埃及建筑开始出现，在两河流域，各种人类早期建筑得到了空前的发展。

西方史前建筑

人类最初是栖息在树枝上和洞穴中的，考古学家证实，人类从旧石器时代就有了定居的习惯。最初的住宅就是大自然提供的山洞和树枝。随着时间的推移，人们才开始使用地穴以及用石头叠构的房屋。

▲苏格兰史前人类居住的石屋，上部已损毁

建筑起源于茅屋

史前时期，先民们所建造的茅屋是建筑的最初起源。当人们从他们赖以栖身的岩洞或者树洞里走出来，不再依靠天然的穴居，用最简易的方法建造房屋之后，人类的建筑就诞生了。

事实上，建筑自人类诞生以来，就一直伴随着我们。纵观人类发展史，许多艺术形式在漫长的人类历史长河中，只是昙花一现，但是人类对建筑的需求却是永恒不变的，建筑艺术的发展从来没有停止过。其历史比任何的其他艺术都要长。简而言之，人类历史上的建筑，其发展是从简单到复杂，从低级到高级的。

考察原始建筑的奥秘，可以从三个角度来看：第一个角度是根据考古和文献资料去探讨原始建筑；第二个角度是从现存的古老民族中去寻找原始建筑的遗迹；第三个角度是从宗教的意义上去领会。

考古中发现的原始建筑

欧洲的代表性史前建筑——树枝棚

欧洲的史前建筑中，最有代表性，也是最有特色的建筑是树枝棚。树枝棚就像一把半开的中国油布伞。建筑树枝棚的方法也很奇怪，欧洲的原始人把差不多长的树枝按圆形插在地上，然后把树枝顶聚拢，并扎起来，由此形成树枝棚的骨架。然后在骨架上铺满小树枝。最后再用动物毛皮或者植物树叶铺成屋顶。在南美洲，现在还能看到有土著部落也这样建造住宅。

在西亚和地中海地区的约旦和土耳其，考古发现了很多原始建筑，这些建筑的历史可以追溯到公元前八千年。爱琴海上的克诺索斯新石器时代的遗址发现表明，原始人类的住处已经是半永久性的草棚。在克诺索斯新石器时代的遗址的一期，那时，就发现原始人建造房屋使用烧过的土坯。在一期的后半期，发现这些建筑已经建有石基，原始人类在此基础上夯土筑墙建房。在遗址的二期，发现所有的房屋显得十分有规划，譬如他们的朝向都是一致的。

▲在英国发现的史前巨石

由此可见，原始人类建筑房屋的材料是石头和土。

▲马耳他岛上的史前巨石

西方原始建筑神秘特点，在原始巨石建筑遗址中得到了显示。在欧洲，巨石建筑遗址是最早的标志性建筑。人们长期以来认为，是传说中的巨人、神灵建造了这些所谓的“史前巨石”遗址。17 世纪时，英国学者奥布里逐渐认识到这些巨石建筑是古代克里特人的神庙。原始人相信万物有灵，自然界是神圣的，存在着神秘的力量。他们每天都能看见日出日落，感受到四季轮回，觉得这些现象是神的旨意，就通过建造建筑物来祭祀天神，观测太阳或者超度亡灵。

至于这些“史前巨石”是用来举行祭祀仪式，还是用来观测太阳的，或者是超度亡灵的，今天的学界依然众说纷纭。

仔细观察这类巨石遗址，就会发现，它们是由圆圈形排列的直立巨石构成，而且这些巨石又指向一个水平放置的石板。巨石的整体结构，指向与夏至日那天，太阳升起地平线时的方位高度一致，如果从这方面加以分析，这些“史前巨石”是用来观测太阳的。

不过，也有人认为巨石是一种墓室，是原始宗教的一种建筑。还有人认为这些建筑为了防御敌人和野兽的。总而言之，用巨大的工程来建筑堡垒，集中体现了人类为生活而斗争的魄力。

原始建筑高峰：蒙娜亚德拉巨石神庙

蒙娜亚德拉神庙又被称为太阳神庙，位于利比亚与西西里岛之间的马耳他岛上，离大海峡只有不足半公里的路程。考古学家认为，蒙娜亚德拉神庙是在公元前 10205 年建成的，距今已有 1.2 万年的历史。

▲蒙娜亚德拉巨石神庙

蒙娜亚德拉神庙是精心设计的庞大建筑物，其中央大厅耸立着直接由巨大的石料凿成的大圆柱和小支柱，支撑着半圆形屋顶，其整体轮廓看起来如同一片三叶苜蓿的叶子。这座神庙由上下交错、多层重叠的多层房间组成，还有一些大小不等的壁孔。整个建筑线条清晰，棱角分明。

巨石神庙有着奇妙的建筑设计，在夏至的日出时分，太阳光擦着神庙出口处右边的独石柱射进后面椭圆形的房间里，正好在房间左侧的一块独石柱上形成一道细长的竖直光柱。这道光柱的位置随着年代的不同而改变。一位马耳他绘图员曾经仔细测量过，在公元前 3700 年时，光线偏离了这块独石柱射向它后面一块石头的边缘，而在公元前 10000 年时，这道光柱如同激光一样笔直射向后面更远一些的祭坛石的中心。

在冬至的日出时分，上述情况又出现了，不过这次光柱出现在相对应的另一侧，并也照亮了房间中部的祭坛石。

这样，在冬至日和夏至日，分别在左右两边相对应的独石柱形成了一道光柱，这两根独石柱可称为“日历柱”。

整个神庙建筑布局上十分精确。在日出时分，太阳发出的第一道光线笔直地在出口处的两块独石柱之间穿过，射进神庙的房间里，正好在房间左侧的一块独石柱上形成一道细长的竖直光柱。照亮了房间中部巨大的祭坛石。蒙娜亚德拉神庙是西方史前建筑的高峰。

古埃及金字塔创造建筑的奇迹

在古埃及有一句谚语，青春时光惧怕时间，而时间却惧怕金字塔。的确，在古代世界的七大奇迹中，很多奇迹都先后毁灭，但埃及金字塔是个例外，它依旧傲然屹立着。金字塔身上凝结了古埃及人民的智慧和力量，它是石头与艺术的集合。埃及金字塔不仅在建筑艺术上，创造了辉煌的业绩，而且它也集中体现了古埃及人在天文学等方面的成就。

金字塔是如何建起来的

非洲东北部有一条大河，名叫尼罗河。尼罗河长达 6670 千米，其干流连接了六个国家的河流体系。在埃及，考古学家共发现 96 座金字塔，组成了吉萨金字塔。开罗郊区的古埃及国王胡夫、哈夫拉和门卡乌拉三个法老的陵墓，被认为是最大的金字塔。吉萨的这三座金字塔是四棱锥体形陵墓，由四只等边三角形组成。每一座陵墓，与之相配的还有一个祭庙。现存的这些建筑由于遭遇连年的风雨侵蚀，大多已不完整。

▲吉萨三大金字塔

吉萨的金字塔之所以闻名于世，是因为其巨大的体量和特异的风格。同时吉萨的金字塔也以它们自身合理和简洁的构造，以及与自然景色的完美结合，被誉为世界七大奇观之一。万里无云的日子里，远眺大金字塔，会给人一种蔚然壮观的景象：稳定、高大的金字塔，矗立在一望无边的利比亚大沙漠，在蓝天白云的衬托下，有一种浪漫的诗情画意，不禁让人感受到中国唐代诗歌“大漠孤烟直，长河落日圆”的意境。

关于金字塔的来历，还有一个真实的传说。

相传，在古埃及第三王朝之前，古埃及有一个丧葬的习俗，无论王公大臣还是老百姓，他们死后，都会被葬在一种长方形的坟墓中，古埃及人称这种坟墓叫“马斯塔巴”，有高尚的意思。后来，埃及宰相伊姆霍特普奉命给埃及法老左塞王设计这种陵墓时，他大胆创新，发明了一种新的建筑方法。

伊姆霍特普

伊姆霍特普在埃及被当作是一位十分罕见的神，事实上，他是埃及历史上真实存在过的一位天才式的人物。伊姆霍特普并没有显赫的出身，刚开始，他只担任了一个小官，但他智慧惊人，他利用自己的聪明才智，为他所处的时代创造了无数奇迹。当时埃及的左塞王是渴望人才，善于发现人才的人，他十分热心于建筑艺术，伊姆霍特普恰好拥有精湛的建筑才能，他抓住这一时机，获得了左塞王的青睐，走到了权力的中心，最终被任命为维西尔、总建筑师、祭祀长、农业大臣等职，同时他也是埃及历史上的著名作家，另外，他还是埃及天文学的奠基人。

▲狮身人面像

他采用的材料是从山上采下的呈方形的石块。他不断修改修建陵墓的设计方案，最终，他用大石块，把陵墓建成了一个六级的金字塔，我们所看到的金字塔的雏形就此诞生了。

在古埃及，金字塔又称作层级金字塔，因为金字塔是梯形分层的。金字塔底座四方形，每个侧面是三角形，样子就和汉字的“金”字很相似，所以中国将其叫作“金字塔”。在古埃及，第一座石制陵墓是伊姆霍特普设计的塔式陵墓。这类金字塔陵墓中，较为典型的代表是位于萨卡拉的佐塞尔金字塔，它是埃及历史上第一座完全用石头造的巨大的建筑物，建于公元前 2750 年。

左塞王建造金字塔之后，埃及的很多法老都纷纷效仿他，大肆修建金字塔坟墓，由此，古埃及的历史上就掀起一股营造金字塔之风。由于埃及古王国时期，是金字塔起源的时期，而且在这个时期建造了最大的金字塔，因此，埃及的古王国时期又被史学界称为金字塔时代。

巨石的来源

在吉萨三大金字塔中，数胡夫金字塔最为著名，因为其结构严密以及规模宏大壮观。胡夫金字塔作为人造建筑的世界奇迹，是第四王朝第二个国王胡夫的陵墓，他在公元前 2690 年左右建成。它一直是世界上最高的建筑物，直到 1888 年巴黎建起了埃

胡夫

胡夫（公元前 2598 年 ～公元前 2566 年）的字面意思是“赫努姆神保护我”，他是埃及古王国第四王朝（公元前 2613～公元前 2494 年）的第二位法老。法老的地位相当于国王，算得上是世界上最早的独裁者。对于胡夫在位到底有多长时间后人说法不一，不过最有说服力的说法是 23 年。记载胡夫的文献有很大的矛盾，在埃及，他被认为是一位贤明的君主，但在希腊，历史学家却认为他是“可憎的暴君”。不过，在当今的文献记载中，胡夫的性格及其治理国家的方式很难查到，但有证据表明，他强化了祖先创建的埃及帝国。

▲胡夫大金字塔

菲尔铁塔。胡夫大金字塔原高 146.5 米，后因天长日久的风化，顶端剥落 10 米；该金字塔底座塔底面积 52 900 平方米，其中每边长在 220 米到 230 米左右，三角面斜度 52 度。

胡夫金字塔规模宏大，由 230 万块石块砌成，其中外层约有 115000 块石块，石块大小相当于一辆小汽车，更大的甚至有 15 吨重。假如把这些石块切割成平均约 30 立方分米的小块，然后把小块石头沿赤道排成一行，可以摆满 2/3 的赤道。

那么，有人就产生疑问了，从哪里弄来这么多石块呢？有一种说法认为，这些石块就来自于吉萨附近，在大金字塔建筑地点南面有一个采石场，在那里约有 1500 名采石工人在不停地工作。当时最硬的金属是铜，因此采石工人使用铜制凿刀将巨石凿些小孔，然后在小孔内打入木楔，然后在木楔上面浇水，木楔浸水后，体积会发生膨胀，这股力量就可以将石块胀裂。

关于这些石块的来源，还有一个说法。一名法国工业化学家，他采用化学的方法，从微观的角度对金字塔进行了研究，他认为，这些石块并非开凿的石块，而是由石灰、岩石、贝壳等物质黏合而成的，现代人无法分辨出它到底是天然石块，还是人工合成的石块。这位工业化学家找到了旁证，那就是石块中有人的头发，显然是工匠在黏合的时候留下的，不过这样的旁证太少，而且这种能够黏合石块的黏合剂，在古籍中是

▲胡夫金字塔近景

没有记载的，这位化学家使用了现代的技术，也还没有分析出来黏合剂到底是什么。

巨石的运输

假设石块是从采石场凿下来的，但是，在当时落后的条件下，古埃及人又是怎样运输到金字塔工地的呢？建筑胡夫大金字塔1000年以后，车和马等交通工具才从国外引进埃及。那时的埃及没有马，也没有车，全靠肩扛人背，是无法运送这些石块的。

有人认为，运输石块使用的是撬板圆木棍运法，这种方法看似很合理，但是需要消耗大量的木材，可当时埃及主要树木是棕榈，这种树无论是数量，生长速度，还是木质硬度，都不可能满足运输石块的需要。当然，埃及也可能从国外进口木材，不过，这样一来，石块运输造成的难度会更大。

有人发现了一种运输巨大石块的方法，那就是，在吉萨当地出产一种黏土，这种黏土铺就的路面上，只要洒上水，就会变得很滑，沉重的石块就可以在上面滑行。不过黏土路面的水量如果不够，路面是不会变滑的，而且很费力。

有人认为运输巨大石块使用的是水运法，在埃及吉萨30多米深处，考古人员发现了一个岩壁，考古人员猜测这可能是埃及第四王朝时开凿的港口。后来，又有考古人员发现了连通港口的水道。但是又出现了新疑问，在当时的条件下，没有绞车，没有起重设备，笨重的巨型石块下坡、上船、上岸，这比陆地撬运还困难。何况，水面和岩岸有15米多的落差！而且，尼罗河西岸的金字塔只能使用尼罗河东岸的石料！当时是如何运输巨大的石块，至今还是个谜。

巨石的砌垒

即使把巨大的石块搬运到金字塔的工地上，那么这些大石块又是如何砌垒成金字塔的呢？希罗多德对此有过记载，当时的古埃及人是用杠杆把巨大的石块一块块地搬上去的。而现代埃及学家却推测，搬运巨大石块采用的是“斜面上升法”，具体做法是，从采石场用麻绳牵引移动石块到场地，再在金字塔的每一阶层的每一边上建筑起一个高的斜坡通路，再向上运送石块；也有人主张，可以在金字塔的一个侧面运用梯形的斜面，这样运起来更简便。

还有人认为，古埃及人在修建金字塔的过程中，可能是利用超级大风筝将大量巨石吊运上金字塔顶端的。为此，几位航空工程专家为此特意设计了一个提升重物系统，这个系统由尼龙绳和滑轮组成，根据数学原理，每个滑轮可以运载的货物重量约定为一只风筝载重的四倍。专家经过测试发现，当风力达到每小时24千米的时候，一只风筝的运载重量为3.5吨。在一个大沙漠里进行最终的测试得出结论：每只风筝的运载量大约为4吨。不过，巨石要通过风筝运到金字塔，依据的风力必须非常恰当。可以肯定的是，巨石完全可以在风力的作用下，通过风筝被运上金字塔，而且运输巨石的时间，仅仅是25秒。

▲胡夫葬船

修建的功能

胡夫金字塔虽然叫胡夫金字塔，但在金字塔中并没有发现胡夫的木乃伊，所以说这座金字塔是胡夫的陵墓，一直受到质疑。因此，关于金字塔的修建以及功能，学术界出现了许多奇谈怪论。

有专家认为，在遥远的远古年代，古埃及人还处在蛮荒时期，不可能达到如此高的科技水平，胡夫大金字塔根本不是古埃及人造的，而是外星来客建造的。胡夫金字塔也不是胡夫的陵墓，而是外星人在地球上建的一个UFO降落地点。

还有专家认为，是消失了的亚特兰蒂斯岛国的先民建造了胡夫金字塔。据说，亚特兰蒂斯位于大西洲直布罗陀海峡以西，在10000多年前，这个岛国曾创造过辉煌的文明。后来这个岛国突然沉于海底。该岛的科学家们并没有沉入海底，而是提前撤离，一部分科学家携带科技资料来到埃及，并参照该岛国的庙宇建造了胡夫金字塔，并且把他们掌握的科学知识全部隐藏于塔的内部结构中。

还有专家认为，胡夫金字塔是由居住在非洲阿特拉斯山中麓的一个柏伯尔部落建造的。据说古代撒哈拉地区土地很肥沃，物产丰富，有很多部落在这里居住。后来撒哈拉的土地逐渐沙漠化，这些部落东迁至尼罗河河谷，逐渐演变成埃及国。他们使用部落里的法术，建造了金字塔，作为他们的法台。这些柏伯尔部落的人预感到，人类将遭遇一段黑暗时期，于是这些人为了生存下来，立即分散到世界各地，其中有一支人群转移到阿特拉斯山。

上述这些专家的看法，只是一家之谈，并没有证据可以证明其真实性！但胡夫金字塔作为伟大的人类建筑将永载史册。

米诺斯迷宫独具一格

作为人类文明的发源地之一，爱琴海地区拥有很多古老的建筑，米诺斯迷宫是其中最有代表性的建筑遗迹。米诺斯迷宫的建筑独具一格，极富建筑美感与传奇色彩，与它有关的希腊神话故事更为这座建筑增添了引人入胜的神秘色彩。不过可惜的是，这座古代遗址已经消失了。米诺斯迷宫消失的原因，是因为邻近的桑托林岛发生毁灭性的火山爆发，从而变成一片废墟。从现在的遗迹中，我们可以看出当时宫殿的宏大壮观和气派非凡。

一个动人的传说

关于米诺斯迷宫，还流传着一个动人的传说，在远古时代，统治克里特岛的是一个叫米诺斯的国王。不幸的是，米诺斯的儿子被雅典人谋杀了。米诺斯发誓要替儿子复仇。在天神的帮助下，米诺斯终于报仇成功，雅典被施以灾荒和瘟疫。雅典人害怕了，为了减少伤亡，不得不向米诺斯王求和。米诺斯痛快地同意了，但也提出了条件，那就是，每年雅典人都得进奉七对童男童女到克里特岛。

▲今日克里特岛美景

米诺斯之所以要求进奉童男童女，因为在岛上的迷宫里，有一只人身牛头的怪兽，这是米诺斯的老婆帕西法厄与一头公牛结合后生下的怪物。这个怪物生性凶狠残忍，喜欢吃人，这七对童男童女就是为它准备的。雅典人委屈地接受这个屈辱的要求。这一年，又到了雅典人供奉童男童女的时候。雅典城内陷入了一片哀鸣，有童男童女的家庭都害怕灾难降临到他们的头上。忒修斯是雅典国王的儿子，他看到人们遭受这样的不

克里特岛

克里特岛是希腊最大的岛屿。位于地中海之中，在爱琴海之南。面积约有8336平方千米。克里特岛是古代爱琴文化的发源地。公元前2000年，克里特岛的北岸建立起了以诺萨斯城为中心的奴隶制国家，这个国家有宏伟的宫殿、庙宇。在这里，石雕、陶器制作都非常发达，而且海上贸易频繁。在这个奴隶制国家的末期，克诺索斯已统一全克里特岛。学者们称克诺索斯的王朝为米诺斯王朝。1669年，克里特岛被土耳其人占领。1913年，该岛被划归希腊。

幸，决定要和选中的童男童女们一起到克里特岛去，然后借机杀死那头残害生灵的怪兽，解除雅典人们的苦难。他的父亲因为有这样勇敢的儿子，倍感骄傲，但也有些不舍。因为怪兽栖身的迷宫，进出的道路都曲折纵横，人一进去就会迷失方向，很难走出来，忒修斯就是杀死了怪兽，也极有可能葬身其中。但忒修斯执意要去，国王只好同意了。于是，忒修斯和七对童男童女来到了迷宫。忒修斯临走前，还和父亲约定，如果他成功地杀死怪兽并脱险，他会在返航时将船上的黑帆变成白帆。

▲米诺斯迷宫遗址

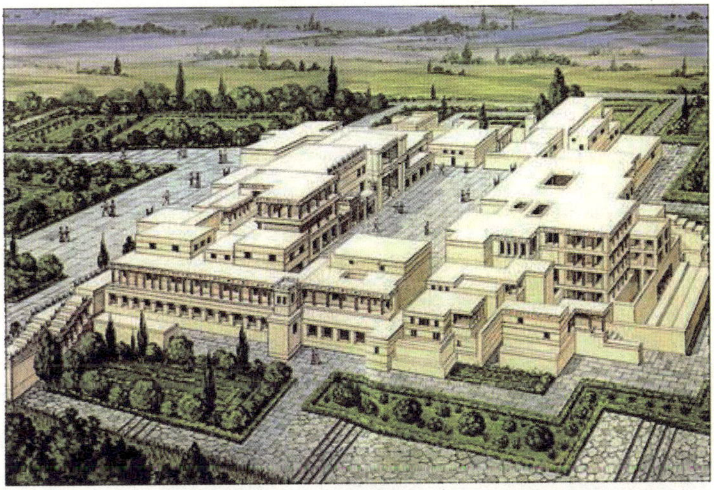

▲米诺斯迷宫复原图

忒修斯和童男童女一起，在克里特岛上岸了。忒修斯十分英俊潇洒，米诺斯国王的女儿——美丽聪明的阿里阿德涅公主对忒修斯一见倾心，十分爱慕。公主得知忒修斯的遭遇后，决定帮助他。公主送给忒修斯一把无比锋利的魔剑，还送给他一个可以辨别方向的线球，用来对付迷宫里的怪兽。忒修斯有了这两件宝物，信心百倍。他进入迷宫后，将线球的一端拴在迷宫的入口处，然后手拿线团，一边放线，一边向复杂通道的深处走去。他很顺利地就发现了怪兽，双方经过一场恶战，他用魔剑将怪兽杀死了。然后，他顺着来时放下的线，顺利走出了迷宫。忒修斯在阿里阿德涅公主的帮助下，逃出了克里特岛，起航回国。童男童女再也不会被怪兽吃掉了。

忒修斯和童男童女经过几天的航行，到达雅典近海了。忒修斯和他的伙伴因为兴奋异常，整日整夜地又唱又跳，没有及时把黑帆改成白帆。爱琴国王在海边一直翘首等待儿子归来，当他看到归来的船挂的仍是黑帆时，就认为儿子已被怪兽吃掉了，于是，他觉得人生没有意义了，纵身跃入大海自杀了。为了纪念他，后人将他跳入的那片海叫作爱琴海。而“克里特岛的迷宫”的传说也千古流传。

庞大的建筑群

1900 年，地中海的克里特岛迎来了英国考古学家阿瑟·伊文思率领的考古队。阿瑟·伊文思一直想找出传说中的迷宫。他经过 3 年的艰苦发掘，终于发现了一座巨大王宫，这座王宫有 5 层，由 1000 多间房屋组成。这项考古挖掘工作持续很久，在 1931 年，这座湮灭的宫殿终于重见天日。伊文思经过考古发现，确信这就是传说中的迷宫。这座宫殿的建筑文明反映了在公元前 1500 年，爱琴海第一个主要文明全盛时期的文明成就。

米诺斯迷宫不只是一两个宫殿，而是一个庞大的建筑群，分为两个部分，即东宫和西宫。王宫共有国王宝殿、王后寝宫、王族宫室、有宗教意义的双斧宫以及祭祀室、贮藏库等各种宫室 1700 余间。

米诺斯人与古希腊人不同，并不讲求对称之道，这里的各种宫室都是随意兴建的。一条条长廊、门厅、通道、阶梯、复道和一扇扇重门把各种宫室连接在一起。房屋和院落之间高低错落，曲折多变，真是曲径通幽，让人眼花缭乱。

米诺斯迷宫入口有好几个，从宫内房间的布局看来，东西宫的作用并不相同，西宫似乎专为宗教活动而设。东宫是日常起居的地方，它建在山坡上，俯瞰庭院。木匠、陶工、石匠和珠宝匠的作坊在东侧的一端。这些匠人通过自己的辛勤劳作，为那些王孙贵胄们创造了舒适奢华而精致的生活。经过大阶梯可以达到另一端，那是王室寝宫。寝宫四面都有上粗下细的圆柱，具备王宫建筑的特有风貌，有巨大的艺术价值。这样的设计，在今天看来，都是十分科学的，既确保了冬天的温暖，又照顾到夏天的通风。里面冬暖夏凉，仿佛一个天然的大空调。当热气从楼梯上升时，国王大厅的门可以通过一开一闭，将其调节成清凉的气流，从柱廊外款款进入室内，沁人心脾，让人心旷神怡。冬天，关上门后，室内安装的便携式的炉具取暖发出阵阵暖气，极为温暖舒适。米诺斯迷宫多采用了许多宽大的窗口和柱廊来采光通风。这些窗口和天井宽窄不同，高矮各异，但都

▲米诺斯迷宫的王座

精巧地组合在一起，使王宫的空间姿态万千，变化多样。

米诺斯

米诺斯在希腊神话中是克里特之王，是宙斯与欧罗巴的儿子。米诺斯至今仍存在神话世界里，但是否有这个人，只能靠世人的猜测，有人认为米诺斯是一个强大的君主，另一些人认为米诺斯只是一个称号。《奥德赛》中记载了米诺斯手握金杖，发布判决的场景以及他在克里特执政之事。《神曲》中记载了米诺斯用尾巴缠绕亡者宣判的故事。

经过中央庭院，可以到达西宫。其入口处有三个举行宗教仪式用的有围墙的坑。米诺斯人在举行仪式时，祭品都会被一起奉献给哺育众生的大地。王宫西宫是容纳 16 人同时觐见国王的富丽堂皇的觐见室，室内宽敞明亮。室内至今还保存着由狮身鹰首兽像守护的高背石膏御座。考古学家伊文思看到在觐见室外放置了一个巨大的斑岩石盆，从前的米诺斯人进入位于王宫最外的觐见室前，会先在盆中进行洗礼。

从王后大厅的富丽堂皇、豪华精美，可略见米诺斯迷宫建筑的精美程度可谓举世无双。在王后大厅里，排水系统、浴池、抽水马桶等设备一应俱全，实在是令人惊讶。

建筑上的壁画与文字

▲米诺斯迷宫壁画

米诺斯迷宫的墙上装饰也很有特色，鲜艳的壁画和精美的螺旋形花纹被工匠巧妙地装饰在墙上。另一些宫室和长廊上，也都被工匠们装饰上了瑰丽多姿的壁画，壁画的内容丰富多彩。除此之外，还有一些绘有海豚等动物式样的图画和风景画。壁画里的青年，健壮威武，身穿褶叠短裙，正在进行拳击和跳过牛背之类的体育活动；美丽的姑娘，穿着镶白边的黑裙，梳着精致的卷发，体态婀娜多姿。在中央庭院南侧宫室内的一幅题为《戴百合花的国王》的画作是最著名的，画面上，国王头戴饰以百合花的孔雀羽王冠，在百花丛中悠然自得地散步。国王就是当年米诺斯王的写照。因为是从植物和矿物中提炼出来的颜料画的壁画，虽历经 3000 多年，仍然色泽鲜艳。在当时，这种涂画技术是难能可贵的。这也说明，米诺斯文化虽然距今 3000 多年，但当时已经相当发达了。

在米诺斯迷宫中，还有 2000 多块泥板，上面刻有很多由线条组成的文字。在一些印章和器皿上，学者也发现了一样的文字，这种文字被称为线形文字。学者一直到 1953 年，才破译出这些线形文字的意思，原来这上面记载着的是王宫财物的账目。这些文字和古希腊使用的文字差不多，只有细微的不同，从中可以推算出克里特岛文化和希腊文化之间可能有着关系的。

卡纳克神庙为祭祀太阳而建

卡纳克神庙是古埃及最大的神庙，是为了祭祀太阳神阿蒙而专门建造的。这座建筑最使人称道的是它那由石梁石柱构成的大柱厅，它们是卡纳克神庙建筑艺术的集大成者，是卡纳克神庙之所以名垂千古的原因所在。这种建筑艺术给后世宗教建筑的影响也是巨大的。后代的建筑学家在建造宗教建筑时一般都采用这种大体量的式样。“这些宛若天开的巨大宗教建筑，体量巨大到让人震撼，人们的精神在这种物质重量的逼迫下，感到一种极度的压抑，而压抑正是人们产生崇拜的起点。”马克思如是说。

▲太阳神阿蒙

底比斯城的卡纳克神庙

源远流长的尼罗河是古埃及文化的母亲河。尼罗河两岸的古代建筑很多，不仅有着重于外部表现的金字塔，也有注重于内部建筑艺术的卡纳克神庙。

卡纳克神庙是为了祭祀太阳神阿蒙而专门建造的古埃及神庙。

太阳神阿蒙原是一位地方神，庇护的是尼罗河上游一个叫作底比斯的城市。由于古埃及帝国的建立，并形成了中央集权制，底比斯也因此成了这个国家的政治、文化和经济中心，地方神的位置也水涨船高。到了中王国时期，阿蒙神一跃而起，成了古埃及社会中的众神之首。

卡纳克神庙坐落于底比斯城一个被叫作卡纳克的地方。它是一个巨大的建筑群，包括几座小庙。始建于公元前的18世纪至16世纪。

底比斯城

底比斯城坐落于埃及南部的尼罗河畔，在古埃及帝国中世纪和新王朝时代（约公元前2040～1085年），底比斯都是首都。底比斯城迄今为止已有四五千年的历史，是供奉阿蒙神之城。底比斯古城及其墓地坐落于埃及的卢克索至卡尔纳克一带，跨尼罗河中游两岸，是埃及著名古迹建筑群。底比斯城就是古埃及高度文明的一个历史见证。

四部分组成的建筑群

卡纳克神庙是一个巨大的建筑群，由四部分组成，分别是圣羊像大道、牌楼门、一个四周有柱廊的院子和大柱厅。

走近卡纳克神庙，首先映入眼帘的是一组模样奇特的圣羊像，这组圣羊像又称羊头狮身像，它们分两排蹲立，每隔数米就有一座，一直延续到巨大的牌楼门前。这些圣羊像和吉萨金字塔前的狮身人面像有点像，它们和“十三陵神道”一样，具有较大精神教化作用，一方面让布局的纵深感得到增加，一方面可以促使人静思，在祭神时营造出庄严肃穆气氛。

▲卡纳克神庙圣羊像大道

方尖碑

方尖碑是古埃及崇拜太阳的纪念碑，也是古埃及的一件杰作，它是古埃及文明最富有特色的象征之一。方尖碑外形独特，呈尖顶方柱状，从下到上逐渐缩小，顶端和金字塔尖形状相似，塔尖用合金包裹。当早晨太阳东升，照射到碑尖时，它会发出耀眼的光芒。方尖碑的制作很讲究，用整块的花岗岩雕成，重达几百吨。这种方尖碑有三种不同目的，即宗教性、纪念性和装饰性。同时，方尖碑也是埃及帝国强有力的象征之一。

在圣羊像的尽头，是神庙的主入口，即牌楼门，它是一个由一片梯形实墙构成的庞然大物，实墙宽 113 米，上厚 6.3 米，下厚 9 米，实墙中间有一个门洞。门洞两边各有 4 座尖碑，它们高达 50 米，全部由花岗石砌筑而成。碑身断面下方呈正方形，上部呈方锥形状。方尖碑上，装饰着镀金银或金铜的合金饰件，在阳光照射下，显得金碧辉煌。方尖碑上刻有许多象形文字，但文字弯弯扭扭，使人无从辨认。至于它的作用，和实墙面上那些比真人大上许多倍的浮雕图案一样，既是为了装饰，也是为了加强神秘感。

紧挨在梯形实墙后面，有一个长 336 米，宽 110 米的小院子，院子被五道牌楼门分成五个越来越小的空间。第一个院子长 84 米，宽 103 米，周围还有一圈柱廊，但这些柱子并不粗壮。另外，由于柱廊很深，柱檐下形成一片浓厚的阴影，院落四周也因此笼罩了一种诡诘阴森的气氛。每根柱子的外侧还立着一尊皇帝座像，皇帝威严而和

▲海普斯特尔大柱厅

蔼地凝视着人们，使人感觉到皇帝和万能的神原来是共存一体的。院子中间还整齐地排着 12 根圆柱，如同卫士肃立在道旁一样，把人们引到第二座牌楼门。

这个牌楼门与主入口的牌楼门在形状上是一致的，也有巨大的门洞，门洞旁还分立着八座方尖碑。在这座牌楼门的后面，坐落着海普斯特尔大柱厅。

在卡纳克神庙，海普斯特尔大柱厅是最主要的部分。海普斯特尔大柱厅长 52 米，宽 103 米，占地 5000 平方米。大厅内的圆柱密密排列，一眼都望不到边际，空间仿佛被延伸了。仔细数一下，这里的圆柱共有 16 行计 134 根。中间通道的圆柱高 21 米，通道两侧的圆柱高 13 米。柱径与柱长的比是 1 ∶ 4.6，柱子间的间距小于柱子底径长度。因此，大柱厅的明显特色是低矮和密集，有强烈的压抑感。从中间高柱的侧窗上散落进来太阳光时，在柱体和地面上慢慢移动着光影，大柱厅内的神秘感就会达到了最高峰。圆柱上的彩色浮雕叙述的是一个个神话故事，这些神话故事塑造的是主宰一切的神及皇帝和重臣的“丰功伟绩”。因为大柱厅主通道的横梁被圆柱顶部的莲花座所遮去，莲花如同浮在圆柱的上面，所以在这种环境下，人们会感觉自身存在感消失了，就像来到了另一个天国世界。

建筑风格对后世巨大的影响

▲壮观的卡纳克神庙

大柱厅如果按照古埃及神庙的模型建造，后面还应该有一座建筑神堂。由于神庙各部分建造年代不一样，再加上异族和其他教义的入侵，这个神堂终未建成。

但不得不承认，卡纳克神庙仍是一座极其伟大的建筑。它最使人震撼的是它那由石梁石柱构成的大柱厅、方尖碑和圣羊像，它们是卡纳克神庙的建筑艺术集大成。大柱上充满想象力的浮雕，使人联想到人类祖先所居洞穴的壁画，展现了古埃及人的智慧。圣羊像的重复节奏，所展现出的祷神效果，以及方尖碑上灿烂的装饰，无一不展现了建筑为其功能服务的准则。应该说，正是这些特点赞扬了神的万能和伟大。“这些宛若天开的巨大宗教建筑，体量巨大让人心为之震撼，人们的精神在这种物质重量的逼迫下感到十分的压抑，而压抑正是产生崇拜的源头。”马克思说的是那样千真万确！

▲海普斯特尔大柱厅远景

卡纳克神庙在宗教建筑中是最具特色的，它是一种典型的古埃及风格的神庙。其稳定、沉重而简洁的构图法则，受到世人景仰。同样，卡纳克神庙是与吉萨大金字塔的建筑风格一脉相承的。

卡纳克神庙给后世宗教建筑带来了巨大的影响。人们在建造宗教建筑时，一般都会采用卡纳克神庙这样大体量的式样。后世人造的不少教堂、神庙，内部采用了大量的彩色马赛克、染色玻璃和壁画，就是根源于古埃及的卡纳克神庙。

为炫耀战功建阿布辛贝崖庙

壮观的阿布辛贝崖庙，名义上是古埃及第十九王朝皇帝拉美西斯二世为祭献太阳神阿蒙而建造的，但实际上是拉美西斯二世为炫耀自己征服努比亚的战功而建造的。阿布辛贝崖庙的庙址选择很讲究，它建造在尼罗河一个拐弯处、河西岸的悬崖峭壁上，步行朝拜者可以瞻仰阿布辛贝崖庙的雄姿，航行在尼罗河上的舟楫也能感受到神庙的巨大和威严。

庙址选择颇具匠心

在埃及，有一座建筑，门口坐着四尊“神像”，这就是阿布辛贝崖庙。

▲阿布辛贝崖庙

阿布辛贝崖庙的最大特点是利用自然地形。这座神庙位于尼罗河上游的努比亚地区。努比亚地区是一个山地众多、巉岩重叠的地方。

阿布辛贝崖庙名义上是古埃及第19王朝皇帝拉美西斯二世为祭献太阳神阿蒙而修建的。但实际上是拉美西斯二世为炫耀自己征服努比亚的战功而建造的。

阿布辛贝崖庙的庙址选择颇具匠心，它建造在尼罗河一个转弯处，在河西岸的悬崖峭壁之上，步行朝拜者可以瞻仰它的雄姿，航行在尼罗河上的舟楫也能从正面感受神庙的威严。

拉美西斯二世

拉美西斯二世（公元前1303～前1213年），古埃及的第19王朝法老（公元前1279～前1213年在位），他在位的时期是埃及新王国最后的一段强盛时代。他为了恢复埃及对巴勒斯坦的统治，下令在东北尼罗河三角洲新建一座城市为首都，并命名为培尔—拉美西斯。他是一位强大的国王，一位战无不胜的将军，一位和蔼可亲的父亲，一位不知疲倦的建设者。他在人类历史上留下了不可磨灭的印迹。

崖庙内的建筑

阿布辛贝崖庙的正面

是一个极其高大的牌楼门，牌楼门高22米，宽36米。牌楼门前安坐着四座拉美西斯二世的雕像。这四座雕像的表情冷漠严肃。雕像的体积巨大，几乎把整个崖庙的立面全盖住了。在四座雕像的正中，有一个山门，这是崖庙的入口。山门上方有一个小壁龛，里面象征性地安放着一尊太阳神阿蒙的雕像，造型很小。拉美西斯二世的脚旁还安放着皇后尼弗尔塔里的雕像，雕像很矮小，此外还安放有他们儿女们的雕像。这样对比的安置方法，其目的就是要突出拉美西斯二世本人至高无上的地位。据说，这些雕像都曾有着鲜艳的色彩，因为年长日久，色彩脱落了。

▲阿布辛贝崖庙内部雕像

进入崖庙的山门是大殿，大殿宽16米，深18米。大殿内有粗大的石柱8根，每根石柱前立有一尊雕像。这些雕像一共分为四组，除了前面讲到的三位神的雕像，还有一组雕像是拉美西斯二世的雕像。大殿的墙壁上刻满了浮雕，这些浮雕涂着鲜艳色彩，内容是宣扬拉美西斯二世战争功绩。大殿的左右两侧还有入口4个，可以经过这些入口通向6个凿得更深的石室，这些石室是被用作储藏室之用的。通过大殿底部中轴线上的那个入口，可以前往一个厅，这个厅比大殿还要小，厅里立着四尊漂亮的雕像，厅的底部有3个大小不一的入口，连廊再向里有3个神堂，其中中间的那个神堂里，供奉着这崖庙的至高之神——“圣舟”。

建筑与功能的结合

在建筑学上，崖庙的一系列空间处理手法和古埃及其他神庙是一脉相承的，但有所不同的是，这些空间不是用石梁石柱砌筑而成，而是完全从岩石中凿出来的。因此，它所产生的祭神效果更为强烈。空间愈来愈小，屋顶愈来愈低，气氛愈来愈神秘，原来迷信皇帝偶像的人在这样的环境中，就会变得更加丧失自制力。

▲光线通过山门射进殿堂

崖庙还有一个奇特的现象，那就是每年的3月21日和9月21日清晨5时58分，会有一束光线通过山门射进殿堂，这束光线先是照耀着阿蒙神像，然后又照到拉美西斯二世像，最后照到阿尔马甘斯像。阳光从没有照到过波塔像，这是因为波塔是一位夜神。这种由于日照角度形成的奇观，使无数“臣民”十分相信崖庙的神圣。

皇后的崖庙

在崖庙北边不远处，还坐落着一座为皇后尼弗尔塔里建造的崖庙。它比前面那座要小，正面高 12.2 米，宽 27 米，矗立着 6 座雕像。不过其中的 4 座雕像仍是拉美西斯二世的雕像，只有 2 座雕像是皇后本人的雕像，在这里，臣民们主要要尊重的对象仍是皇帝。门里面的石厅也显得很小，深 10.4 米，宽 8.2 米，里面也雕刻着许多浮雕。为皇后专门建庙，在古埃及的历史上，这是唯一的一座。由此可见，拉美西斯二世的权势是多么显赫。

建筑已不在原处

20 世纪 60 年代初，埃及政府计划要在尼罗河上游修建阿斯旺大坝。这样一来，上游水位升高，这座著名的古建筑将会遭遇灭顶之灾。从 1964 年开始，埃及政府为了拯救这座古建筑，用了整整 4 年时间，将这两座从山岩中凿出来的崖庙，逐个搬运到一处比原址地势高出 90 米的地方，再重新拼装，因为计划周密，拼装后竟然天衣无缝，从而保全了这罕见的人类文明古迹。

▲崖庙内部

波斯波利斯王宫巧用地形

在古代阿契美尼德帝国，波斯波利斯是行宫和灵都。受美索不达米亚诸都城的启发，波斯皇帝将波斯波利斯建成了一座拥有众多巨大宫殿的建筑群。整个古城巧妙地利用地形，将自然的地理形貌和人类的艺术精华完美地融合在一起。

修建与毁灭

“波利斯”原意是“都市”的意思，“波斯波利斯”意思是“波斯国的都城”。波斯波利斯，位于伊朗西南法尔斯省设拉子东北、扎格罗斯山区的盆地中，曾经是波斯帝国阿契美尼德王朝的第二大都城。它是波斯帝国大帝大流士一世即位以后，为了纪念阿契美尼德王国历代国王而下令建造的第五座都城。希腊人称呼这座都城为“波斯波利斯”，而波斯人则称这座城为“塔赫特贾姆希德”。在历史上，古老的波斯是众神王国，贾姆希德就是古代波斯神话中王的名字。

▲波斯波利斯遗址

波斯波利斯是一座显赫一时的都城，规模十分宏大，大流士一世在公元前 522 年下令开始修造，历经三个朝代才全部完成。大流士一世时代，这座都城只完成了大流士一世宫殿、觐见大殿、宝库、三宫门等建筑，其余部分则是在其后的两位君主统治期间逐渐完成的。到阿尔塔薛西斯一世时期，这座象征着阿契美尼德帝国辉煌文明的伟大城邦才最终完成。从此以后，波斯波利斯庄严地耸立在波斯平原上，它不仅是存储帝国财富的巨大仓库，而且是世界上最强大帝国的心脏。130 多年以后，也就是公元前 330 年，亚历山大大帝

波斯帝国

波斯帝国是一个文明古国，兴起于伊朗高原。波斯人原属印欧语系的一支，约在公元前 2000 年代末叶从中亚一带迁移至伊朗高原，当时共有十个部落。波斯人曾一度处于米底部落的统治之下。公元前 550 年，波斯人在居鲁士二世大帝带领下，推翻米底部落的统治，建立起了波斯帝国。因为统治这个帝国的是阿契美尼斯家族，所以整个国家也被称阿契美尼德王朝，阿契美尼德王朝是第一个横跨欧亚非三洲的大帝国。公元前 330 年，帝国都城波斯波利斯在马其顿亚历山大大帝的进攻下陷落，大流士三世在逃亡中被人害死，波斯帝国就此灭亡。

▲波斯波利斯石马

攻占了波斯波利斯，进行了疯狂的掠夺，传说“他动用了1万头骡子和5000匹骆驼才将所有的财宝运走”。而后亚历山大大帝又把整个城市付之一炬。精美圆柱、柱头和横梁很快就熊熊燃烧起来，烟灰和燃屑像雷阵雨一样，纷纷落在地上。这场大火后，只有石刻的柱子、门框和雕塑品幸存下来了。就这样，波斯波利斯毁于一场大火。

建筑复杂完善的布局

这座古城的遗迹背靠着光秃秃的赫马特山，坐落在高出平原15米的天然石平台上。这个平台宽297米，长448米，平台以外，没有建设防卫用的围墙。平台的西北端设有阶梯，阶梯宽达7米，共有111级石阶，每级石阶之间只有10厘米高，足以让人骑着马上去。阶梯的尽头是“万国门”。考古学家们在平台上发现了两段巨大的仪式用阶梯，分别是通向觐见大殿的东面和北面的，这是波斯波利斯最宏伟壮观的景象之一。阶梯上雕刻有大量浮雕，刻画了波斯帝国的朝贡者列队前往朝觐波斯王的场面。当时的波斯帝国一共有35个属国。浮雕上刻画的来自不同属国和民族的朝贡团或是牵着狮子、双峰骆驼，或是手捧金银珠宝等等，反映了波斯帝国繁荣昌盛时期的景象。这些雕刻品虽历经2400多年，但依然栩栩如生，波斯波利斯也因此成为现存最大的阿契美尼德艺术陈列馆。

阶梯所通向的觐见大殿是波斯波利斯的正殿，又被称为阿婆陀那，它是帝王接见朝贡团的地方，传说大流士一世曾将大量的货币和文书埋于大殿的地底下。殿内大厅的形状

大流士一世

大流士一世是波斯帝国的第三代君主（前522～前485年）。他出身于阿契美尼德王族的旁支，父亲希斯塔斯帕当过帕提亚的总督。公元前525年，大流士任“万人不死军”总指挥。公元前522年，他趁国内发生政变、冈比西斯二世回国途中暴卒之机，将政变的领袖高马塔杀死，自己登上了王位，继而大力地镇压巴比伦、埃兰、米底等地起义，擒获了9个暴动首领，将帝国濒于瓦解的局势扭转过来。大流士堪称波斯帝国的伟大君主，同时他也是世界历史上的著名政治家之一。

是正方形，可容纳1万人以上。大厅内有36根石柱，大厅外的前廊和左右侧廊各有12根石柱，共计72根。这些石柱的柱头有公牛图案雕饰，它们的作用是用来支撑屋顶。

还有一座更加庞大的建筑，据考证是薛西斯一世的觐见大殿。殿内大厅呈正方形，殿内安置有100根13米高的石柱，所以被称为百柱大殿。当时，在这座华丽的大殿里面，在100根柱子构成的柱林之间，国王气宇非凡地端坐于宝座之上，热情地款待远方来的尊贵客人。百柱大殿的后面是贮藏室、金库和寝宫。金库非常复杂，如同迷宫一般。“后宫”紧挨着大殿，有22个二居或三居的小套房，供女人和她们的孩子居住。

▲波斯波利斯遗址近景

▲波斯波利斯石柱

建筑的风格特色

这座古城的主要建筑有万国之门、玉座厅、觐见厅、百柱厅、大流士宫殿、薛西斯宫殿、宝库等。薛西斯一世建造的“万国之门”的入口前，有大平台和大台阶，石阶两侧墙面雕刻有23个民族朝贡队伍的浮雕像，人物都十分形象生动。觐见厅在遗迹中部西侧，呈正方形，为石柱木梁枋结构，边长约80多米，中央是大厅。大厅和门厅支撑的石柱达72根，柱基呈钟形，柱身有四十多条凹槽。柱头有公牛雕饰，柱高达21米，这些柱子至今依然屹立不倒，景象十分壮丽。大流士一世宫殿在玉香殿之南，门道和两壁雕刻有对称的巨型翼兽身人面浮雕石像，这两壁雕像大小、形象一样，甚至连每一条纹路都是对称的。

▲波斯波利斯的浮雕

在觐见厅北面和西面的石壁上都雕刻有狮子斗牛的浮雕，也是呈现对称式样的。百柱厅在觐见厅的东侧，面积大约有 68.6 平方米。百柱殿在薛西斯的儿子阿尔塔薛西斯当政时期完工，宽阔的石阶雕刻有色彩鲜明的雕刻和浅浮雕。遗址的西南角坐落着薛西斯一世和阿尔塔西斯一世的两座王宫。大流士一世统治时期，波斯帝国处于全盛时期。大流士一世有将首都建成一座与帝国实力相称的城市的打算。那时，这里宫殿建筑雄伟壮丽，学者、能工巧匠云集，文化盛极一时。从大流士本人开始，波斯的三代国王都为建新都全力以赴，波斯波利斯也因此最终建成，并一举成为中央集权国家的代表建筑。

这些宫殿的装饰又大量采用精致的瓦片、鲜亮的涂饰、纯金银、象牙以及大理石材料，这反映了古希腊与埃及艺术的融合。

在多年的考古挖掘中，在波斯波利斯出土了很多手工艺品，其中包括不少武器、家庭用具以及皇家铭文。此外，还出土了 100 多块上面刻有埃及文字的土简，这一切都为学者们研究波斯波利斯王宫提供了资料。

波斯波利斯是波斯帝国最伟大的城邦，如今它的建筑遗址仍然屹立在荒凉之地，向世人默默地述说着它曾经的辉煌。1979 年，联合国教科文组织将波斯波利斯列入世界文化遗产之一。

▲波斯波利斯王宫远景

马丘比丘城用梦想所建

马丘比丘城是秘鲁地区最为人所熟知的标志建筑遗迹。它是印加文明的缩影。马丘比丘带给世人的不只是对神秘力量的敬畏，更多的是对失落文明的一种缅怀之情。这里的城堡建筑巧妙地利用山根和地面凸凹不平的地势，使自然与建筑达到了完美协调。在1983年，马丘比丘就被联合国教科文组织划为世界遗产，它是世界上为数不多的文化与自然双重遗产。秘鲁诗人阿尔维托·伊达尔戈说："马丘比丘并非石头城，它是用人，用人的激情，用人的梦想，用人的血汗筑成的伟大城市。"

巨石建成的庞大古城

1911年，在秘鲁境内的安第斯山2400多米高的崇山峻岭中，美国耶鲁大学的宾海姆教授发现了印加古城——马丘比丘。

▲马丘比丘全景

这是一座用巨石建成的庞大古城。实在让人难以相信，西班牙人殖民统治期间，竟然对它一无所知，秘鲁独立后100年间也无人涉足于此。400多年的时光，整个城市掩映在浓密的丛林和缥缈的云雾中，被群山重重包裹，只有那翱翔的山鹰一睹过它的雄姿。

随着对马丘比丘发掘和研究的日益深入，人们对印加文明也因此有了更多的了解，对这座空中之城产生了很多的惊叹和疑惑。

印加帝国

印加帝国是位于美洲的古老帝国，存续时间是11世纪至16世纪，其版图大约包括今日南美洲的秘鲁、厄瓜多尔、玻利维亚、阿根廷一带。它的缔造者是传说中的曼可喀巴科，到灭亡共经历了14任印加王。在15世纪后期，印加帝国达到鼎盛时期，被称为黄金之国，并且创造了十分辉煌灿烂的文明。印加文明消亡后，给世人留下了一些不朽的建筑。

这样一座城市面积达9万平方米，但完全建立在一个傍依大山的绝壁上，而且筑城的巨石间基本上不用黏合物，但竟能稳如泰山屡经地震而不倒，真令人不可思议！

▲马丘比丘农业区的古梯田

马丘比丘城布局

马丘比丘的宏伟景象，从入口便可看到，一簇簇石质建筑和绿草如茵的院子，在马丘比丘和汇纳比丘两座山峰之下依次排列。

全城分为农业区和城市区两部分，两部分界限分明，而每个部分又分为上区和下区。

农业区里遍布着石头垒成的花园平台，其间还有蜿蜒陡峭的小河流淌而过，并通向门楼。农业区在城的东南，占总面积的一半以上，一条沟壑将其与城市区隔开。农业区建有约 100 级完整的梯田，层层梯田都是用许多石块拦起的。让人不可思议的是，梯田里的泥土是从峡谷里运上来的。在如此陡峭的坡壁上修梯田，其工程之浩大就难以想象，这里不光有梯田，还建有灌溉设施即用碎石块修筑的水渠。

城市区的西部（上区）又被分为生活区和宗教区。生活区里有引人注目的建筑是“印加王宫”和大塔楼。这两处建筑的石墙十分精美。宗教区的主要建筑有日晷仪、三窗神庙以及宗教仪式区。印加人十分崇拜太阳神，因此在每座城中都建有一个神圣的日晷仪。三窗神庙也是一座神圣建筑，传说第一代印加王就是从一座有 3 个窗户的房子出发，经过一番拼搏，最终建立王国的。因此，这座神庙是印加人用来缅怀先祖的。

马丘比丘城址的选择和布局设计显然是煞费苦心的，譬如，西部宗教区内一个较小广场上竖立的影壁对着北部的一座圣山，每年冬至、夏至两日的日影穿过太阳神庙的瞭望窗口之后，则必定照射在庙堂的正中。

城市区的东部（下区）也被分为两个区，即服务区和妇人区。服务区的主要建筑是磨坊，是印加人

▲马丘比丘的三窗神庙

将玉米磨成面粉的场所，此外还有房舍和仓库。妇人区有一处建筑被称为三门厅，这是整座古城的最大建筑群之一，内有16个小区。另一群建筑被称为“帕查妈妈”神庙。“帕查妈妈”是印加人崇拜的大地女神，象征着丰收。

上区和下区之间建有一座巨大的广场，即神圣广场。神圣广场是举行重要的宗教仪式的场所。

▲马丘比丘的拴日石

疑惑不解的城市功能

考古学家们产生的第一个疑问就是，这座了不起的古城是谁建的？

通过对这里发现的木乃伊做年代测定，考古学家认为马丘比丘是在第九代印加王帕查库提征战乌鲁班巴河时期建造的。如果说马丘比丘是出自这位“地球震撼者”的手笔，是完全有可能的。作为印加帝国最伟大的君主，他是有能力建成这座伟大城市的。

难以理解的是，帕查库提为什么要不顾艰辛，在崇山峻岭之中建造这样一座空中城呢，这座城市的功能是什么？

有考古学家说，马丘比丘是印加王族为了在乡间修养而修建的。这种说法的问题是，为了修养这样一件小事，就付出这样大的代价修造城堡，显得太不合情理了。

另有一种猜想得到学界比较广泛的认可，那就是马丘比丘是一个举行各种宗教祭祀典礼的活动中心。印加人十分崇拜太阳，太阳神是他们心中最重要的神灵，历代印加王都自称为“太阳之子”。印加人选择这样高的位置建设一座城，就是为了能和太阳更近一些。

城中有一块“拴日石”，这是一块精心雕刻过的怪异巨石，据传说印加人在每年冬至的太阳节时，为了祈祷太阳重新回来，会象征性地把太阳拴在这块巨石上。印加人将太阳看作“燃烧的火鹰”，渴望用“拴日石”将带来光明和温暖的太阳永远留在天上。直到今天，秘鲁民间仍然流传对太阳的崇拜，在这座古城里，关于太阳崇拜的建筑还有很多。

考古学家还在城中发现了许多女人的头骨。他们推断这些都是敬献给太阳神的“太阳贞女”。

石头城是如何建成的

马丘比丘城中的建筑物基本上是用浅色的花岗石砌成的，每一块石头都重达几吨。在一座祭坛上，有一座祭台是用一块100多吨重的花岗石板垫砌而成的。这些石头建筑物是石匠们用简单工具拼接垒筑而成的，然而这些大小石块间竟是严丝合缝的。沿着山坡还坐落着许多石砌房屋，这些建筑物之间都有着石台阶相连，其中一座堡垒遗迹的石阶多达1000多级。

从远处看，整个城堡就建在一段山脊之上，似乎随时都有可能跌下万丈深渊，然而这种担心对于这座城堡来说，完全是没必要的，它的坚固程度甚至让现在的许多建筑都会"自惭形秽"，这里的山地发生过很多次地震和山洪，而雄伟的古城依然安然无恙！

直到今天，考古学家面对整个古城遗迹，心中会生出一个巨大的疑问，那就是，这样一座在高山上用巨石建立的城堡，印加人用了什么样的建筑技术？当时的印加人不会使用车辆，他们用什么办法把几十吨的石头搬到这样险峻的高山上的？而且放置的位置还那么恰当。如此精密的建筑，细致的规划、在如今却没有任何可以查证的历史记录。

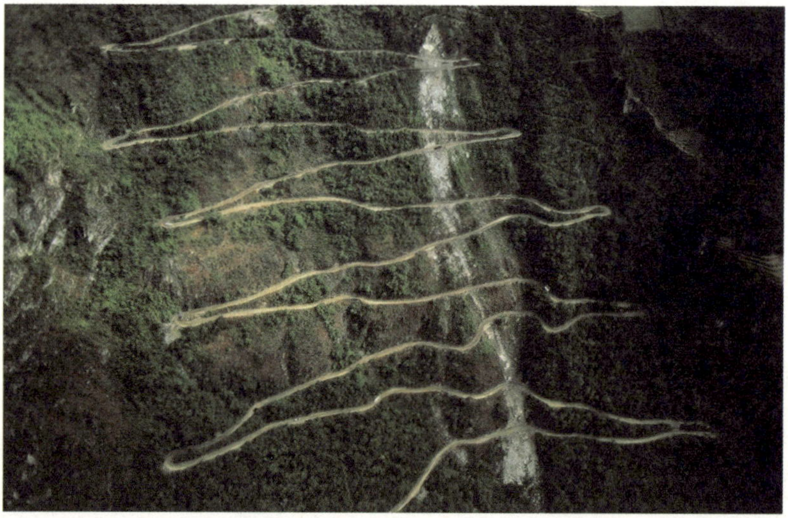

▲去往马丘比丘的路

经考古专家们考察，马丘比丘城堡的石头主要来自两个地方：一是印加人将山尖削掉从而得到的石头；二是更多的花岗岩石是从600米下的采石场运上来的。要知道，即使是现代，可以动用现代化的设备如滑轮、电缆、直升机等大型工具，要把这么多沉重的大石块运到高高的悬崖上，也是很难办到的，当时的印加人是怎么做到的呢？这至今还是一个未解之谜。

为什么被遗弃

据说西班牙入侵者攻下印加首都库斯科后，有很多印加人消失在山区里，有人猜想，马丘比丘当时就是这些印加人最后的避难所。

假如这种猜想成立，那么又出现了一个难以解决的疑问：马丘比丘当初设计时，考虑得十分周详，连梯田和灌溉设施都规划好了，逃难的印加人是可以在此长期居住的，那为什么后来马丘比丘城会空无一人？

考古中也发现，在 16 世纪末，这座城堡就没有人居住了，这是一座被印加人遗弃了的城市。疑问就接踵而来了：这样理想的一个避难场地，印加人为什么遗弃呢？难道是这里遇到了什么不可抗拒的灾祸？或者是他们担心西班牙人找到这里，干脆躲得更远？可是，这堡垒十分坚固，可以说是一夫当关，万夫莫开，西班牙侵略者想攻入也是很困难！何况历史不断地证明，西班牙侵略者自始至终根本不知道还有这个地方。

秘鲁诗人阿尔维托·伊达尔戈的诗句，最能展现这一世间瑰宝的精神实质：“马丘比丘并非石头城，它是用人的激情、人的梦想修建而成的。”

正是因为马丘比丘藏在云山深处，躲开了后人几百年的视线，所以这里的一切都还基本保留着当初的模样，城中宫殿、祭坛、神庙等一应俱全，保存得很完好。

城堡通过对山根和地面凸凹不平地势巧妙利用，达到了自然与建筑的完美和谐。在 1983 年，联合国教科文组织将马丘比丘定为世界遗产，同时它在 2007 年又被联合国教科文组织评为新世界七大奇迹之一。

▲马丘比丘成远景

▲巴特农神庙

▲宙斯神庙

第二章
古典主义的建筑

在西方建筑中，古希腊建筑风格和古罗马建筑风格，是欧洲古典主义建筑艺术的重要渊源。

位于意大利首都罗马市中心的威尼斯广场南面的古罗马斗兽场，是迄今遗存的古罗马建筑工程中最卓越的代表。而古罗马斗兽场，是迄今遗存的古罗马建筑工程中的翘楚。

万神庙是现今保存最完好的古罗马建筑，以其宽广阔大的体量、技巧高超的巨大圆拱而闻名于世。哈德良别墅是古罗马的大型皇家花园，它是罗马帝国的皇帝哈德良为自己营造的一座人间伊甸园。

罗马帝国的图拉真纪功柱是建筑史上第一次用比较完整的布局方法来塑造被纪念的人物。

而古希腊的建筑代表，非巴特农神庙莫属，它以无与伦比的美丽和谐、典雅精致，举世瞩目，它建于古希腊最繁荣的古典时期，其建筑艺术达到了古典建筑艺术的巅峰，被公推为“难以企及的典范”。

厄庇道鲁斯剧场罗马人没改动

古希腊最著名的剧场，非帕鲁克勒斯设计的厄庇道鲁斯剧场莫属。罗马人曾按罗马制式，将大部分古希腊剧场进行改造，唯独厄庇道鲁斯剧场，从观众席到舞台都没改动过。厄庇道鲁斯剧场最为令人称绝的设计是它的音响系统的设计，即使坐在最后排的听众，也能清楚地听到舞台上演员细小的说话声。

▲埃斯库罗斯塑像

固定剧场是怎样诞生的

希腊戏剧在初始发展阶段，演员与剧作家是同一个人。作为古希腊三位著名悲剧诗人之一的埃斯库罗斯，他既是剧作家，又是演员。直到公元前499年，希腊的演员与剧作家才变为不同的人。埃斯库罗斯也是一个伟大的戏剧改革家。他将演员的人数从《酒神颂》时的一个变成了两个，并在舞台上增添了布景，用对话代替了合唱的方式，用以推进剧情发展。在他的剧作中，演员都戴着面具，穿着轻飘鲜艳的服装，表演着庄严的舞蹈。他的这种新的表演形式，迫切需要一个合适的、固定的表演场所，希腊各城邦为此纷纷开始搭建看台来观赏这样的戏剧。因此，这次戏剧的改革为后来剧场的出现打下了现实基础。

固定的剧场在古希腊的出现，是从一起不幸事故之后开始的。大约在公元前500年左右的一天，雅典人在木制的看台边观看戏剧时，木制看台坍塌，很多人受伤。聪明的雅典人以此为戒，决定在雅典卫城南坡上，用石头建造了一座剧场。自此以后，在希腊各地纷纷建立类似的剧场，固定剧场在戏剧演出中也大放异彩。古希腊的露天剧场呈半圆形，观众坐在阶梯状座位上欣赏，舞台前面还建有一个供合唱队队员唱歌、跳舞的圆形舞蹈场。最初的乐池呈圆形。在乐池的后面，拥有一个长条形的大厅，大厅上还有一个中心高台，是作为神灵、飞翔的战车和巨型蜣螂在演出时从天而降的基地。

最伟大的剧场建筑

古希腊最著名的剧场，非帕鲁克勒斯设计的厄庇道鲁斯剧场莫属。罗马人曾按罗马制式，将大部分古希腊剧场进行改造，唯独厄庇道鲁斯剧场，从观众席到舞台都没改动过。厄庇道鲁斯剧场最多能容纳12000名观众。剧场后一排的座位比前一排稍微高些，所以前面的几排座位可能是斜靠式的。另外，前面的和中间的两排座位靠背比较高。所有座位的下面都被掏空了，以便在其他观众通过时，观众可以抽回脚。前排的座位旁有脚凳，背后的通道也比较宽。

▲鸟瞰厄庇道鲁斯剧场

剧场最为独到和令人称绝的是它独特的音响系统的设计，即使最后一排的听众，也能清楚地听到舞台上演员的细小的说话声。这种绝妙的音响效果，是通过在座位下面埋藏空瓮，将瓮口对准呈完美圆形的乐池而得到的。乐池后面的建筑已经被毁坏，关于它的用途，由于该建筑被损毁已达千年之久，从剧场遗迹中探寻，是很难知道答案的。

古希腊有三个主要戏剧节，数每年三四月份举行的“酒神大节”最有名。在节日里，厄庇道鲁斯剧场就成为城内最繁闹的地方了。

现有的资料展现：公元前4世纪，在希腊戏剧中，歌队的重要性日益下降，而演员的作用却逐渐上升。这意味着，在厄庇道鲁斯这样的剧场建筑物中，人们对舞台关注则变得更强烈。公元前4世纪以后希腊化时代的建筑，剧场一定建有一个供表演用的高高的舞台；罗马时代，乐池的周围都修起了大理石围栏，以防止角斗士角斗时误伤观众；罗马帝国后期，人们把乐池巧妙地改建成一个水池，进行水上的戏剧表演。所以，认为乐池后面的建筑，是一个舞台的观点，应该是符合当时实际的。

▲埃斯库罗斯塑像

古希腊最繁荣时建巴特农神庙

巴特农神庙，以无与伦比的美丽和谐、典雅精致，举世瞩目，它建于古希腊最繁荣的古典时期，其建筑艺术达到了古典建筑艺术的巅峰，被公推为“难以企及的典范”。整个庙宇最突出的建筑艺术表现在它整体上的和谐统一和细节上的完美精致。神庙的建筑过程中，反复运用毕达哥拉斯定理，尺度合宜、比例匀称。其中对和谐的形式美的崇尚，也为后人关注。

▲巴特农神庙复原图

雅典卫城的神庙

雅典卫城位于雅典市中心的山丘上，是希腊最杰出的古建筑群，始建于公元前580年。它是宗教政治的中心地。卫城，其意思是国家统治者的驻地，卫城一般是抵御敌人的要塞。公元前480年，波斯人焚毁了卫城。希腊人在取得对波斯战役的胜利后，又决定重建卫城。

雅典卫城坐落在雅典城中央的一个山冈上，高低错落，布局自由，主次分明。希腊建筑在空间安排上的一个重要原则得到了集中体现，这个原则就是建筑的每一部分，都以某个角度的透视效果向大家呈现。一个个本身结构呈现完美对称的建筑物在希腊的建筑家的巧妙安排下，在空间上依傍地势上的落差，以不对称的方式进行排列。在西方建筑史中，将其列为建筑群体组合艺术中的一个极为成功的实例。

雅典卫城主要由三部分构成，主要由供奉海神波塞冬的厄瑞克忒翁神庙、供奉女神雅典娜的巴特农神庙和供奉胜利女神的胜利女神庙构成。它们创造出变化极为丰富的景观和透视效果。环绕卫城时，能看到不断变化的建筑景象。而这其中，最优秀的建筑就是巴特农神庙。

巴特农神庙的和谐与完美

在古希腊语中，“巴特农”是“处女宫”的意思。因为巴特农神庙祀奉的雅典娜女神是处女，所以有人称巴特农神庙为“雅典娜处女庙”。希腊神话中，雅典娜是战神和智慧女神，是雅典城邦的守护者。

神庙开始建造时，雅典人处在希波战争胜利的时期，全民都在巨大狂欢中，这座艺术丰碑是他们怀着极大的热情建造完成的。巴特农神庙的建筑部分是希腊自由民的创造，他们规定在建筑工地上劳动的奴隶，不得超过建筑工人总人数的四分之一，剩下的四分之三建筑工人是自由民。正是在这种社会文化背景下建造起了巴特农神庙。

巴特农神庙建在一个基面上，这个基面长为 96.54 米，宽为 30.9 米，下面设有三级台阶。雄伟挺拔的多利克式列柱组成的围廊构成了神庙的四面，使得神庙显得高贵大方，具有很强的纪念性。神庙正面用了 8 根石柱，打破了以往使用 6 根圆柱的惯例。两侧备为 17 根高 10.43 米的列柱，每根柱底直径 1.9 米，是由 11 块鼓形大理石垒成的。柱子刚劲雄健，比例匀称，隐含着妩媚与秀丽。雅典人以惊人的精细和敏锐来修建这座神庙：柱子底部粗顶部细，柔韧有力而绝无僵滞之感。所有列柱都向建筑平面中心微微倾斜，并不是绝对垂直，使建筑给人的感觉更加稳定。有专家发现这些柱子的向上延长线将在上空 2.4 千米处相交于一点。列柱的间距也是不完全一致的，间距逐渐地减小，角柱却在稍微加粗。所有水平线条都向上微微拱起，如台基线、檐口线皆是如此，宽面凸起 60 毫米，长面凸起 110 毫米，这样，每块石头的形状都可能会有一些差别，这正好校正了视觉上的误差。能够完成如此繁杂而精细的处理，也体现了建造者认真的工作精神和高昂的创造热情。

▲多利克式列柱

整个庙宇最突出的特点体现在它整体上的和谐统一和细节上的完美精致。神庙的建筑反复运用毕达哥拉斯定理，尺度合宜，比例匀称。古希腊文化中的数学和理性的审美观以及对和谐的形式美的崇尚，都在其中得到淋漓尽致的体现。整个结构中，每个布局表面都是锥形的、弯曲的，或隆起的，这在观察它的外形时，感觉到一种对和谐与完美的感受，而且不会因直线产生错觉。

巴特农神庙的浮雕与神像

在巴特农神庙里，经常将部分极为伟大的雕塑品放置在不同的位置，这些作品便构成美妙无比的景观。位于东山墙的《三女神》，就是这样一件不朽之作。据说这件雕像出自雅典最著名的雕塑家菲迪亚斯之手，巴特农神庙修建时，就邀请他来担任总监。

在古希腊的神话中，“三女神”是宙斯和夜神所生的女儿，一个负责分配命运线

《建筑十书》

《建筑十书》是维特鲁威写作完成，维特鲁威先后在恺撒和屋大维麾下从军，一直在直属军事工程部门中工作，也因此受到屋大维的眷顾和支持，并因建筑著作而受到屋大维的嘉奖。《建筑十书》总结了古希腊建筑经验和当时罗马建筑的经验，论述了关于城市规划、建筑设计基本原理和建筑的构图原理。书中提出了建筑学的基本内涵和基本理论；提出建筑物的“均衡”的关键在于它的局部；主张一切建筑物都应考虑“实用、坚固和美观”。此外，书中还特别强调建筑师既要重视才能的锻炼更要重视道德的修养。直到今天，这些论点还有指导意义。

▲巴特农神庙的雕像

的长短，一个专职织造命运线，第三个负责切断人的命运线。现存的“三女神”遗迹已经毁坏得很严重，他们的头部和上肢都不见了，但留下来的身躯，却显示出了一种惊人的美。雕刻家菲迪亚斯充分利用山墙的空间，巧妙地安排了这三个人的姿势，一个蜷腿席地而坐，一个高高端坐，另一个斜倚在同伴身上，三人的姿态是精心设计的，却丝毫没有有意雕琢的做作，令人赏心悦目。菲迪亚斯持“神人同形同性”的观点，因此，命运三女神在他的刻画下，成了三个丰满动人的年轻女性。他以高超的技艺塑造出一幅不朽的形象。三个依偎的女神身上被裹上了柔软的希腊式宽大纱衣，纱衣是如此轻柔薄细，隐隐透出三位女神各自不同的体态，或皱或舒，或起或伏，或叠或平，若隐若现，朦朦胧胧，形成一种极富魅力的绝妙线条，淋漓尽致地向世人呈现出女神们玲珑迷人的身躯。这些石头仿佛已被赋予了人类的生命，在细密的衣褶下，观者似乎还能感到她们肉体的温暖，菲迪亚斯的鬼斧神工不得不使我们惊叹。

神殿的里面分为正厅和附殿。正厅又被称为东馆，在之前，厅内供奉着著名雕刻大师菲迪亚斯雕刻的雅典娜神像。据载，这尊雅典娜女神的神像身穿战服，高达 12 米，脸孔由象牙雕刻，手脚、臂膀也被雕刻得细腻逼真，宝石镶嵌的眼睛显得炯炯发亮。她戴着的头盔是黄金制造，盔上两边是狮身鹫嘴有翅的格里芬，正中央是狮身人面的司芬克斯。胸前的护心镜上还装饰有蛇发女妖的头。长矛倚在雅典娜的肩上，盾牌放在一边，雅典娜右手托着一个黄金和象牙雕制的胜利女神像，显得英姿飒爽，威

▲巴特农神庙的浮雕

风凛凛。西门内是附殿，主要用来贮存财宝和档案。

神庙的檐部比较薄，柱间净空比较宽，柱头简洁有力，精练明快。神庙顶部是两坡顶，顶的东西两端的连环浮雕，现存于大英博物馆，表现的内容是雅典娜的诞生以及她与海神争夺雅典城保护神地位的竞争。环绕神殿周围的浮雕板，刻画的是半人半马的肯陶洛斯人与拉庇泰人战争的情况。神庙的饰带浮雕，讲述了每 4 年一度的为女神雅典娜奉献新衣的盛大的宗教庆典的情况：长长的马队在前方疾驰，矫健的骏马、健美的青年都显得生机盎然。这些浮雕栩栩如生，精美细腻，仿佛能让观者都能感受到当年雅典卫城节日的兴奋，能聆听到当年游行队伍的马蹄声和喧闹声，能够看到众神在奥林匹斯山上俯瞰雅典的场景。这些浮雕曾经涂着金、红和蓝色，铜门镀金，瓦当、柱头和整个檐部也都曾被涂着浓重的颜色，显得格外鲜丽明快。

神庙建筑的超自然力量

这座神庙经历了 2000 多年的沧桑变化。公元 426 年，希腊城邦衰亡以后，神庙也被改成了基督教堂。到了土耳其统治的时代，它又被改成了土耳其人的建筑。一直到 17 世纪中叶，巴特农神庙虽然功能改变了，但建筑还保存得相当完整，但在 1687 年，土耳其和威尼斯发生战争时，神庙被土耳其人充作火药库，威尼斯人的一颗炮弹打进了庙内，引发了爆炸，神庙也因此毁于一旦。而到 19 世纪初，英国驻君士坦丁堡的大使埃尔金竟花费巨金雇用工匠，把神庙内雕刻着雅典娜功业的巨型大理石浮雕劫走。这批稀世之珍就这样被英国人给毁了。而幸存的残片只能静静地躺在英、法等国的博物馆里。

虽然巴特农神庙如今只剩下一片断壁残垣，但神庙巍然屹立的柱廊，依然向世人传达着高贵典雅的美感，令人仍然可以深切地感受到神庙当年的风姿。20 世纪著名的建筑大师柯布西耶见到巴特农神庙后，叹为观止。他惊呼道：这座神庙，似乎有种可怕的超自然力量。

▲巴特农神庙遗址

城邦时代建宙斯神庙

宙斯神像呈坐姿，全身都镶满了黄金、象牙。他头戴橄榄编织的环，左手拿着一把镶有耀眼金属的权杖，右手握着由象牙及黄金制成的胜利女神像。他坐在宝座上，宝座上装饰着狮身人面像、胜利女神及神话人物。仅神像就高达 14 米，相当于如今的 4 层高的楼房，这是世上最大的室内雕像。菲迪亚斯的这座杰作，威严华贵，气势雄伟，展现了宙斯的神韵。

宙斯神庙的建筑风格

从古至今，人们举行祭神的场所经历了巨大的变化，一般都是从自然场地发展到人造祭所，从室外祭祀发展到室内祭祀。古希腊祭祀场所是希腊人祭拜神灵、展开其信仰活动的最集中的场所，他们祭祀神灵的痕迹遍布各地。克里特时期宗教的一个最独特特点是洞穴祭祀。随后，古希腊人又转而以山顶作为祭祀的场所。虽然在建立之初它们都为天然场所，但是作为人神之间交流的空间，许多圣地的建筑都是按照古代传统建筑格局确定下来的，不能轻易变动。公元前 8 世纪左右，随着城邦时代的到来，人们开始在圣地建造神庙。神庙不仅展现了希腊建筑的最高成就，而且，它们与自然环境和谐一致，显示出了圣地的庄严之美。

在希腊古风时期，希腊神庙建筑逐渐形成了它的典型形式：围柱式。另外两种基本的建筑柱式也已经形成，即多利克式和爱奥尼亚式。多利克柱式显得十分朴素，柱子粗壮，

▲宙斯神庙一角

宙斯

宙斯，古希腊神话人物，是第三代众神之王，奥林波斯十二神的首位，他是统治宇宙的至高无上的主神，人们常称呼他为“神人之父”。他是第二代神王神后克洛诺斯和瑞亚生下的最小儿子，是第一代神王神后乌拉诺斯和盖亚的孙子。他掌管天界的一切。他的武器是雷电，他借此维持着天地间的秩序。他的兄弟波塞冬和哈迪斯分别对海洋和冥界拥有掌管权。

柱身从下向上逐渐缩小、中间略鼓出，柱身装点有凹槽。爱奥尼亚柱式显得十分精巧、纤细，有柱基，柱身比较细长、匀称，凹槽密且深，柱头为涡卷形。后来，小亚细亚地区在古典后期的又流行一种科林斯柱式。科林斯柱式是在爱奥尼亚柱式的基础上发展起来的，饰有更为华丽的装饰。

▲宙斯神像复原图

奥林匹亚遗址中心的阿尔提斯神域，是专门为宙斯设祭的地方。宙斯神庙是神域中部的最主要建筑。宙斯神庙于公元前 475 至公元前 457 年建成，是一个六柱式的多利克式神庙，采取的是多利克柱式，柱高达到 10 米，共有 34 根柱子，东西两端各 6 柱，南北两端各 13 柱，均用石料精制而成。神庙主体材料采用的是石灰石，殿顶盖瓦达 0.6 米宽。神庙的建筑设计简单，但非常精细、准确，具有古典主义的典型特征。

宙斯神像的神韵

宙斯神庙之所以出名，还在于它祭祀的宙斯神像。希腊人最早的神祇崇拜是无偶像的。然而，随着神人同形同性的观念被人们逐渐所接受，为神塑像的行动也就开始。各城邦的主要祭祀活动是对奥林匹斯诸神的祭祀，这之后，各神便纷纷拥有了自己独立的神庙。不过，公元前 7 世纪中叶之前的雕像都雕刻得比较小，多为木制。公元前 650 年前后，希腊出现了比真人还高的大型雕像和浮雕，真正的希腊雕刻时代就此到来。宙斯神像的出现，是希腊人的神像雕刻达到了顶峰的标志。

▲宙斯神庙遗址

公元前 437 年，雅典最著名的艺术家菲迪亚斯在政坛被打压，被逐出雅典。他接受宙斯神庙管理者的邀请，来到奥林匹亚。菲迪亚斯来奥林比亚是为了设计和建筑一尊宙斯像。在此之前，他曾经设计了两座雅典娜黄金象牙雕像，高达 10 米，因此闻名遐迩。宙斯神像采取的是坐姿，全身都镶满了黄金和象牙。他头戴橄榄编织的环，左手拿着一把镶有耀眼金属的权杖，右手握着由象牙及黄金制成的胜利女神像。他坐在宝座上，宝座用狮身人面像和神话人物装饰，神像高达 14 米，相当于如今的 4 层楼高，是当时世上最大的室内雕像。菲迪亚斯完成的这座杰作，气势雄伟，将宙斯的神韵很好地传达出来了。

遗址上的发现

公元 287 年，在外族入侵中，宙斯神庙不幸被洗劫一空。公元 302 年，古罗马皇帝狄奥多西下令封禁宙斯神庙，古代奥运会也因此停办，人们不敢再来奥林匹亚举行祭典活动。公元 4 世纪末，宙斯神像被整体搬移到君士坦丁堡。公元 462 年，君士坦丁堡发生了一场大火，宙斯神像被烧毁。公元 6 世纪，在两次大地震中，宙斯神庙被山体滑坡的泥土彻底掩埋在了地下。

发掘者在宙斯神庙遗址发掘过程中，发现宙斯像原先所在位置的西边矗立着一座拜占庭时代的教堂。据推测和后来的考古证实，这座教堂的位置就是当年菲迪亚斯的工作室。人们在发掘中，发现了一个铸造青铜的地窖，地窖里出土了雕刻家的工具，譬如刮铲、錾刀、陶器等。陶器经过测定是公元前 438 年以后的，证明了菲迪亚斯铸造黄金和象牙的宙斯神像较晚。人们在这里还挖掘出土了一系列的赤陶模，当年匠人们正是在这些陶模上敲打出薄薄的金叶以制造神像的金衣的。陶模的背后被标上了字母，以确定陶模在这一系列中的位置。作坊的南边，矗立着一个长而低矮的建筑物，那里是当时的辅助工坊。这里最有意思的出土物是一个象牙的中央部分，古人已经从象牙上面切掉一块，用来修补神像。

▲宙斯神庙远景

建亚历山大灯塔是生活所需

举世公认的古代建筑奇迹中有两个奇迹在埃及，一个是胡夫金字塔，另一个就是亚历山大灯塔。亚历山大灯塔不带有任何宗教色彩，纯粹为人们的实际生活需求而建。

有关修建的由来

关于亚历山大灯塔的修建源于一个传说。公元前 280 年秋天的一个夜晚，一艘埃及的皇家喜船，驶入了亚历山大港，因为辨不清航向误入礁区，触礁后沉没了。船上载着的皇亲国戚以及从欧洲娶来的新娘，全部落入海中无一生还。这一悲剧，让埃及朝野上下为之震惊。埃及法老托勒密二世为避免悲剧再次发生，下令在亚历山大最大港口的入口处建造导航灯塔。

▲亚历山大灯塔复原图

这只是一个传说，但可以确定的是亚历山大灯塔的建造，同当时亚历山大城繁盛的港口活动有关。各国商船云集埃及的大港，迫切需要有一座大灯塔指引船舶在夜间进出港口。

负责灯塔设计修建的是希腊著名的建筑师索斯查图斯。这座灯塔经过了无数工匠艰辛的努力，前后修建了 40 年，才最终建成。由于它矗立于距岛岸 7 米处的石礁上，人们称它为“亚历山大灯塔”。

匠心独运的设计

亚历山大灯塔高约 135 米。塔楼有三层：第一层高 60 米，是方形结构，里面有许多房间，用来储存燃料、充当机房和工作人员的寝室。第二层高 30 米，是八角形结构。其中第一层与第二层相接的平台四端分别安放着海神波塞冬的儿子吹海螺号角的

亚历山大大帝

亚历山大大帝（公元前 356 ~ 前 323 年）是古代马其顿国王和亚历山大帝国皇帝，堪称世界古代史上最伟大的军事家和政治家之一。他本人足智多谋，在担任马其顿国王期间，充分发挥了他的雄才大略。他东征西讨，先是确定他在全希腊的统治地位，后又带兵灭亡了波斯帝国。至此，他在横跨欧、亚的辽阔土地上，建起了一个庞大帝国。他的雄才大略在于，他每征服一个地区，就把先进的希腊文明带到该地。这一举措使他不但创下了前无古人的辉煌业绩，而且促进了东西方文化的交流和经济的发展，对人类社会的进步产生了重大的影响。

▲亚历山大灯塔遗址

铸像，是用来测量风向的。第三层呈圆柱形，高 15 米，此层塔身最细。三层塔身之上还是一个圆形塔顶，其中有一个巨大的火炬不分昼夜地燃烧着火焰，这就是为船舶引路的灯楼。在灯楼上还矗立着一座 8 米高的太阳神的青铜雕像，太阳神呈站立姿态。

整个灯塔总面积大约 930 平方米。整座灯塔的建筑材料是花岗石和铜，灯的燃料是橄榄油和木材。灯塔内部呈螺旋状阶梯，工人可以沿阶梯将燃油运往塔顶。灯楼内设有巧妙的铜镜，白天铜镜可以将阳光聚集折射到远处，以引起航船的注意；夜幕降临后，凹面金属镜可以反射耀眼的火炬火光，据说这种火光能照射到 56 千米外的海面。

灯塔的命运

公元 700 年，亚历山大城发生了大地震，灯楼和波塞冬立像在地震中塌毁。据说东罗马帝国的一位皇帝知道此事后，非常开心，原本他企图攻打亚历山大城，就是害怕其船队被灯塔照见。他为了彻底毁掉灯塔，又派人向倭马亚王朝的哈里发进谗言，谎称塔底藏有亚历山大大帝的遗物和大量的珍宝。哈里发果然中计，下令拆塔，但在全城百姓的强烈反对下，拆塔行动被终止。公元 880 年，灯塔得到修复。公元 1100 年，灯塔又一次遭到强烈地震的袭击，大部被毁，灯塔也由此失去了导航作用，变成了一座瞭望台。1301 年和 1435 年，亚历山大灯塔又惨遭两次地震，彻底被毁坏。

蒂亚瓦纳科遗址和太阳门

蒂亚瓦纳科文化遗址，位于印加人的圣湖的的喀喀湖畔。在这座遗址上，有一个叫“太阳门”的巨型门廊，据说每年 9 月 21 日黎明升起的第一缕曙光，总能准确地从这个门中央射出。“太阳门”被称为“世界考古史上最伟大的发现之一”。

蒂亚瓦纳科遗址和太阳门

19 世纪 90 年代，作为首位研究安第斯古代文明的学者，德国考古学家麦克斯·乌勒开始在一些山区和太平洋沿岸的遗址进行挖掘，他特意来到位于今天玻利维亚境内著名的的的喀喀湖畔，在这里，他看到了许多巨石建筑。一个疑问在他的脑海里出现，这样的高原地带，怎么会出现如此规模宏大的建筑群？而最让他震撼的，还数一块长条巨石凿出的方形孔洞。

▲蒂亚瓦纳科遗址

这些规模宏大的建筑群就是“蒂亚瓦纳科文化遗址”，而那块方形孔洞就是“太阳门”。

蒂亚瓦纳科文化遗址上的那些巨大建筑物，都是采用重达数吨、甚至重达百吨的巨石堆砌而成的。这些石块琢磨得很精细，石块与石块间，没有任何黏合剂却能合缝紧密。有些巨石与巨石的衔接处，竟然采用了铜榫固定。

在蒂亚瓦纳科遗址的建筑中，保存最完整的是一处名叫“卡拉萨塞亚”的奇特建筑，它是一个用石头砌成的长方形台面，里面设置有阶梯通往地下的内院。巨大的石柱矗立在地面上，形成了气势雄伟的石林。这里还矗立着许多形状奇异的巨大石像，有些学者发现石像上刻有很多天文标记或远古星空图案，令人大为不解。

有一座占地达数亩的阿卡帕拉金字塔，位于卡拉萨塞亚庭院的南面，呈方形。顶上还坐落着一座古老的庙宇，气势雄伟壮观。

那座名闻世界的“太阳门”就巍然屹立在卡拉萨塞亚庭院的东北角。它重约 12 吨，高为 2.5 米，宽达 4.5 米，是在一整块巨大的中长石上雕制成的，中央凿了一门洞，刻有太阳神形象。横楣上还刻地毯花纹，中间刻的是一手握权杖、正面而立的神像，其头部周围刻满了放射状的线。权杖两端装饰着鹰的形象。两旁各刻有 3 排神秘的动物，手握权杖、头戴锥形花冠、跪地面向中间的神。顶部和底部刻有排列着的人头，这些人头的脸部大睁双目，都朝向太阳神。“太阳门”浮雕上的神秘色彩和复杂的

▲太阳门

寓意，展现了当时的人类对于宇宙现象的理解，其中还包含了非常深奥的历法计数系统。可惜的是，这块巨石在发现时已残碎，如今经过整修，已经恢复旧观。

15 世纪印加帝国征服了这个地区后，当时这里已经没有人居住了，能看到的只有这些巨石建筑。关于蒂亚瓦纳科人及其文化，现代人知之甚少。

考古学家利用“碳—14 年代测定法”，终于测定了建筑的明确时间范围，测定表明，蒂亚瓦纳科巨石建筑群在公元 1 世纪左右开始建造，之后几个世纪都在不断扩大建筑规模。

巨石建筑是怎样建起来的

的的喀喀湖高于太平洋 3700 多米，是全世界最高的通航水域，也是航线最长高原湖之一。的的喀喀湖的周围是贫瘠干冷的高原，树木不生，高山凛冽的寒风中只有岩石和少许耐寒的野草，这种高地一直延伸到远处山系的边缘。据说这里一天就有四季：太阳升起的时候是春季，中午是夏季，傍晚是秋季，夜晚是冬季。而建造这些建筑的石材，必须到 5 千米以外的高山上去挖取，有的石块重达 200 吨。

当时根本没有起重机之类的先进工具，他们所使用的马的负重能力也很差，仅仅依靠人力和马力这些简单的原始工具，要建造起规模如此宏大雄伟的建筑群，比登天还难。有人进一步做出了分析，当时生产力极为原始，要把上百吨的巨石从 5 千米

▲太阳门局部

外的采石场拖到指定地点，至少得有26000多人的一支庞大队伍。而仅仅是要安顿这支大军的食宿，在这个荒凉的高原地带，几乎就是不可能实现的。

另有人认为，是用平底驳船，经过的的喀喀湖运送石料的。如果这一说法成立，那么使用的驳船要比几个世纪后的殖民主义者乘坐的船还要大好几倍，这在那时也是不可能的事。

以捕鱼和狩猎为主要谋生手段的蒂亚瓦纳科人，是怎么在的的喀喀湖一带的层峦叠嶂之中修建如此巨大的建筑物，时至今日，依然无解。

“太阳门”建筑的功能

为什么要把建筑建在这么高的荒凉地带呢？其中的杰出代表“太阳门”的用途是什么呢？

▲太阳门远景

玻利维亚考古学家卡洛斯·庞塞·桑西内斯和阿根廷考古学家伊瓦拉·格拉索都认为“太阳门”是宗教建筑。不过前者认为蒂亚瓦纳科是当时举行宗教仪式的中心场所，“太阳门”是卡拉萨塞亚庭院的大门。伊瓦拉·格拉索则认为，“太阳门”很可能是阿卡帕拉那金字塔塔顶上庙堂的一部分，因为把它看作凯旋门或庙堂的外大门，显得过于矮小，尤其是中间的门道，人们只有弯腰才能通过。

美国的历史学家艾·巴·托马斯认为这里的建筑不是宗教活动场所，而是一个大文化中心，阶梯通向之处是中央市场，“太阳门”上的浅浮雕，其辐射状的线条表示雨水，以象征雨神的权威。

也有人认为“太阳门”是一座天文台，垒成像古代足球门似的形态奇异的巨石，实际上是一种复杂的测时和确定季节的巧妙装置。从“太阳门”9月21日射入第一道太阳光这点来看，有人认为，“太阳门”上刻的是历法知识。蒂亚瓦纳科人又是如何测算出9月21日时太阳与“太阳门”位置关系的？美国学者贝拉米与艾伦在《蒂亚瓦纳科的偶像》一书中，对这些符号作了详细研究，认为上面记载了大量的天文知识。这些知识是建立在地球为圆形的观念上的。

八万俘虏修建古罗马斗兽场

位于意大利首都罗马市中心的威尼斯广场南面的古罗马斗兽场，是迄今遗存的古罗马建筑中最卓越的代表。它是古代罗马智慧的结晶，同时也记录了古代奴隶主的残忍和奴隶生活的悲惨。

斗兽场是怎样建成的

延续千年的古罗马帝国时期是一个崇尚英雄、追求光荣的时代，古罗马斗兽场正是那个时期的代表作。公元 68 年，意大利历史上残暴奢侈的皇帝尼禄死后，维斯帕先成为弗拉维王朝的创始人，并加封为皇帝。他统一帝国和进行公共政策的改革，带来了政权的稳定，也得以着手从事大型建筑物的营建计划。据说，古罗马斗兽场正是罗马帝国为显示帝国的强大，强迫8万俘虏修建而成的。

▲古罗马斗兽场外景

要建造圆形斗兽场这样的建筑物，建造者必须具备高度的组织技巧和创造力，他们不但要将建筑物规格化，同时也运用预铸法和精密的机械，还需要技术的方式与现在截然不同的大量的技术工人。

罗马的法律，特别是罗马的军队，显示出罗马人卓越的组织才能。建造者运用这种才能把劳动大军分成规模适中的单位，再用一种准军事方式把他们组织起来，使他们同时在一起劳动。建筑现场分成四支队伍，每支队伍负责整个工程的四分之一。

围绕着七个同心圆排列着的坚固石墩，整个建筑则围绕着这些石墩展开。每一个圆圈上有 80 个石柱。穹顶和拱把石墩连接起来，组成天衣无缝的楼梯和人行道网。斗兽场巨大的石墩是用石灰华建造的，石灰华是一种非常坚硬的沉积岩。为了建造古罗马大斗兽场，蒂沃利采石场开采了 50 万吨石灰华岩石。此外，罗马运进了 15 万吨最好的大理石，这些大理石是用船沿台伯河或用牛车运来的。每天有 200 辆牛车到达建筑工地。有人曾计算出，单就建造一片外墙，就需要 29.2 万辆牛车运送石灰华岩石。

▲古罗马斗兽场夜景

石灰华石块之间的穹顶和拱是这座巨大建筑中突出的结构特点。这些技术是从希腊人建筑巴特农神庙中学习来的，而后，罗马人利用水泥等新建筑材料技术加以发展。罗马建筑家对水泥的开发利用是建筑技术中的重大突破，在古罗马斗兽场中使用的水泥掺入了一种特殊的成分：除了石灰、岩屑和细沙混合物外，还有维苏威火山的一种红色火山灰。

公元 80 年，提图斯皇帝为斗兽场隆重揭幕。这位新加冕的国王极力利用斗兽场制造轰动效应，提高自己的威望。

斗兽场的建筑特点

斗兽场外观呈正圆形，俯瞰实为椭圆形，这是因为它建筑在一椭圆形的地基上，这个地基原是暴君尼禄皇帝的金宫中的一个小湖，后用岩石和混凝土浇灌而成，厚度有 12 米。这座宏伟的建筑物面积约有 2 万平方米，圆周长 527 米，围墙高 57 米，用岩石、大理石和石灰华石筑成。从外部观看，自下而上的三层半圆拱门是由三种风格各异的古典式半圆柱支撑，它们分别是粗犷质朴的多利克柱、优美雅致的爱奥尼亚柱和雕饰华丽的科林斯柱。斗兽场的最高一层设有开口处，用来装饰该层的是封闭式的科林斯式壁柱。据记载，第二、三层每个拱门洞中曾有大理石人物雕像作为装饰，使建筑显得既宏伟又不失灵秀，既凝重而又空灵，整

▲古罗马斗兽场上的遮阳棚复原图

▲古罗马斗兽场内景

体建筑看上去颇像一座现代化的圆形运动场。

颇值一提的是，弗拉维王朝的第三位继任者有一项创新，他在斗兽场上方安装了一个可以收起来的巨大遮篷。在炎热的夏季，遮篷可以使观众免受太阳的烘烤。遮篷本身就是一项工程杰作。它由一个复杂的绳索网支撑，绳索的一头系在最顶上的杆子上，然后延伸下来，另一头固定在底层的绞车上。在架起或落下遮篷时，这些绞车必须同时起动。无论是收起来还是升上去，都至少需要 1000 人工作。

斗兽场内部为阶梯形席位，一排排的座位结构由灰泥承重墙和外部方柱支撑，方柱由中心向外呈放射状排列。这样的次序使得建筑材料能够沿着倾斜的断面向上搭建，而且每一排都可搭架支撑施工，这样能使得营建工程能够较快进行。据资料记载，当年斗兽场的看台分为三个区。在底层为第一区，是皇室、贵族、骑士阶层的座位；二层是第二区，最高层即第三区，都是平民区。第三区上部还有一层，是专为妇女们保留的。再上面为一个较大的平台，此处可供观众随意站立观看表演。为了安全，看台前专门建有高高的栏杆护墙，与表演区相隔。其中皇帝的包厢和执政官、元老们的贵宾座，则用整块大理石雕琢而成，地面铺着磨光的石灰华岩石。在整个角斗过程中不断地喷洒香水，以压住屠杀带来的血腥气味。走道两旁排列着英雄和诸神的铜像，随处都有可供观众饮用的泉水，给过道带来一些凉气。斗兽场专门建有四座大型拱门，供拥挤的观众分散进出之用。这个设计十分精妙，即使是 5 万名观众，也能在三分钟内散场。皇帝进出的门位于斗兽场东北部的两门之间。

斗兽场中央是一个椭圆形的角斗场，又被称为“沙场”，大直径为 87 米，小直径为 54 米。它的部分地板是活动式的，可以升降。只要在角斗场内灌入深达 1.5 米的水，就成为用来模拟水战的舞台，因此又称为“水陆剧场”。昔日的大舞台已不复存在，呈现在人们眼前的只是位于“沙场”下面的地下室。那里曾是演出竞技和角斗的后台。纵横交错的通道走廊上还有 30 多个凹进墙中的壁龛，那些是安装升降梯的装置。其实，斗兽场特殊效果的核心就是 30 多部升降梯。这些升降梯用人力和平衡锤操作，与斗兽场的死亡舞台直接相连。操作这些升降器械需要 256 个人之多。

斗兽场的功能

这座大型的圆形斗兽场，用以满足酷爱观赏残暴演出的人们，也同样成为罗马帝国权力的公开展示。建成之后，这种残暴的表演安排越来越受到欢迎，甚至曾有一场5万名观众的竞技表演，有为数高达5000对的斗士和5000头动物相互残杀。罗马宗教仪式中最重要的时刻是宰杀动物祭祀。在斗兽场上把野兽或人杀死只是把这种宗教象征意义推进了一步。古罗马帝国以世界的主人自居，显示他们主宰世界的方式之一，就是把他们能搜罗到的珍禽异兽带到罗马斗兽场杀死。这种屠杀并不仅仅是嗜血成性的表现，对罗马人来说，它还表示罗马帝国征服了桀骜不驯的大自然。

伴随军事扩张的不断进行，角斗这种野蛮的娱乐在罗马愈演愈烈，斗兽场每年都会举办上百场这种活动，残酷和暴力充斥着罗马社会。

据学者们估计，至少有70万人在斗兽场中丧生。死在这里的有角斗士、罪犯、士兵、普通平民、妇女，甚至还有儿童。所有这些人都是在众目睽睽之下死去的，他们的尸体通过斗兽场的大门被抬出去。

公元1084年，日耳曼人打进罗马城，古罗马城被洗劫一空，斗兽场也被人遗弃，一时曾成为人们寻找建筑材料的基地。

今天，在斗兽场建成近2000年之后，每年仍有200万人前来参观。由于地震破坏和历代洗劫，这些让游客心驰神往的废墟只有原来大小的33%了。

▲气势宏伟的斗兽场

图拉真广场和图拉真纪功柱

随着罗马帝国政治制度的日趋专制，皇帝的形象日趋神化，城市广场便逐渐转变为歌颂皇帝的地方了。图拉真纪功柱所在的图拉真广场就是那时候最大的、最壮丽的广场。图拉真纪功柱是建筑史上第一次用比较完整的布局方法来塑造被纪念的人物。它后来对欧洲国家强盛时期的统治者大有影响，也成为他们着意模仿的对象。

▲图拉真广场复原图

图拉真广场

古罗马帝国强盛期，由于经济的发展，新建和扩建了许多城市。首都罗马城就曾经达到150多万人口。罗马城里，有许多广场，这些广场是人们进行社会活动和经济贸易的地方。

图拉真广场是由一连串大小不同、形状各异、开闭程度不一样的空间组成。这种处理方法是为了造成神秘感和达到神化皇帝的目的。特别是图拉真纪功柱本身和它所在的那个小院子的处理，更是说明了这一点。

进入正门以后的第一个空间是一片长120米，宽90米的空地。四周都是柱廊，两侧柱廊外面还各有一个半圆形的廊。它们使这片空地形成了一条横向的轴线。横向和纵向轴线的交点，立着图拉真皇帝的骑马镀金铜雕像。在这里，第一次出现了图拉真皇帝的“主题”。

穿过这片开敞的空地，可以进入一座横向封闭的大厅，大厅长159米，宽15米。大厅两端各有一个半圆形的龛。厅内沿墙布置着两圈列柱，外圈柱是浅绿色的大理石，内圈柱是灰色的花岗石柱身和白色大理石柱头，墙面上镶嵌着镀金的铜片和有关图拉真皇帝的浮雕。

▲图拉真纪功柱

图拉真纪功柱

穿过这个大厅，来到一个长宽都只有十几米的小院子，院子的两边各是一座小图书馆。院子正中傲然耸立着图拉真纪功柱。它是一个用大理石砌成的陶立克式的大柱子，柱子高 29.77 米，加上柱基和柱顶上立着的图拉真皇帝像，共计高 43 米。在这个故意被弄得很小的院子里，皇帝像显得特别高大挺拔，当人们仰望柱顶时，必须用手按住帽子，以免掉到地下来。柱基上刻满了以战利品为题材的浮雕。柱身上也缠绕着带状的浮雕，浮雕高 1.7 米，共绕柱 23 圈，如果把这带状浮雕拉直，共有 244 米长。刻的是皇帝两次战胜达契亚人的战争细节，描绘了陆地上和水上军事行动的情形，十分生动。柱顶上原来放着一个铜鹰，图拉真皇帝死后，就改立他的镀金铜雕像了。由于院子太小，没法看清楚那些浮雕的内容和皇帝的雕像，但是院子两侧都有楼梯，可以登上屋顶，以便仔细观看那些浮雕的内容和瞻仰图拉真皇帝的风采。那两座小图书馆，一座收藏希腊文图书，一座收藏拉丁文图书，据说这是象征图拉真皇帝具有以文治国的本领。在这个小院子里，将颂扬图拉真的手段达到了最高潮。

▲图拉真纪功柱细部

纪功柱的中心是空的，里面有一个螺旋形的白大理石小楼梯，通过它可以一直登上柱顶。柱身上还开有一个小窗洞，光线从那里射进来，照亮了楼梯。

过了这个小院子，再通过一个柱廊，前面又是一片稍大的空地，那里立着图拉真皇帝的祭庙，表现颂扬皇帝的过程就以此作为结束。

图拉真纪功柱的设计构思并不复杂，但它却是建筑史上第一次用比较完整的布局方法来塑造被纪念的人物。它的成功引起了欧洲国家统治者的兴趣，成为他们着意模仿的对象。如 1830 年，英国为了纪念他们的海军将领纳尔逊，也在伦敦建了一座类似的纪功柱。

万神庙是“天使的设计”

万神庙是现今保存最完好的古罗马建筑，以其宽广阔大的体量、技巧高超的巨大圆拱而闻名于世。米开朗琪罗曾经赞叹它是“天使的设计”。万神庙宏伟壮丽的风姿、雄伟端立的气势与和谐优美的古典气质，都堪称西方建筑史上和谐与完美的典范之作。

▲万神庙

有着独特结构的建筑

万神庙，又称潘提翁神殿。万神，在希腊文中表示“所有的神”。万神庙始建于公元前27年，是当时的罗马执政官阿格里巴为庆祝亚克兴战役获胜而建的。它是古罗马的建筑杰作之一，现为意大利国家圣地。

整个建筑由一个矩形的门廊和神殿两大部分组成。门廊宽33.5米，深18米，排列着16根科林斯式柱子。柱子高12.5米，柱头上部是藤蔓似的涡卷，下面是茛菪花的茎叶图案，它们支撑着一个希腊式的半三角形檐墙。墙上有一幅铜刻浮雕做装饰。

万神庙入口处是两扇青铜大门，为遗存的原物。它高7米，又宽又厚，是当时世界上最大的青铜门。靠门的两个壁龛内，放置着奥古斯都和阿格里巴的雕像。进入堂内，是一个圆厅，墙壁上有罗马时代为遇刺的恺撒大帝复仇者的塑像，还有恺撒本人的雕像、战神雕像等其他的英雄神像。雕像旁伴以彩色大理石柱。墙壁上方和地板，铺以彩色大理石。在左侧第一间小堂内埋葬着画家佩林·德瓦卡的骨灰。隔壁是大画家与建筑师巴尔达萨莱·佩鲁吉的坟墓。

万神庙神殿由8根巨大的拱壁支柱承荷。四周墙壁厚达6.2米，上面没有一个窗子。外面砌以巨砖，内壁沿圆周有8个大壁龛。这种极其富有创造性的建筑结构，对中世纪，乃至文艺复兴时期欧洲各国的宗教建筑都有着不可估量的影响。

精彩绝妙的圆顶

神殿上部的圆顶是一个完美浑圆的半球体，这是整个建筑物最精彩绝妙的部分。这个古代最大的穹顶直径达43.3米，垂直的顶高也为43.3米，穹顶顶部厚为1.5米。

穹顶上面是凿成中空的有层层花纹的凹格，一共有 5 排，每排 28 个。每个凹格中心原来可能有镀金的铜质玫瑰花，现在已经磨蚀掉了。凹格越接近穹顶顶端重量越轻，穹顶上部混凝土的比重只有底部的 2/3，最高部分是极轻的浮石。穹顶顶端是敞开的天窗，天窗直径为 8.9 米，阳光由此进入，就如同太阳一样普照大殿。穹顶象征着浩瀚的天宇，天窗则象征着人与上天的联系。神明可由此降入庙内。当太阳光倾泻而下，照亮神殿四壁，并柔和地贴着大理石游弋，仿佛传递着来自天国的福音，万神庙内的神灵以及圣人亡灵都在这天堂之光的庇佑下得到安息。这个封闭而连续包围的内壁使得任何声音都可以互相撞回，使信奉者感受到一种庄严肃穆、神秘超然的宗教力量。建筑史家说："它是把古希腊的回廊移进了室内的结果"，体现着罗马神庙建筑中典型的帝国风格。

▲万神庙的圆顶

万神庙每一处的尺寸都计算得毫厘不差。它那宏伟的高空间圆顶，一直影响着欧洲的巴洛克风格。这个大圆顶，过去一直被认为是用砖和混凝土砌成，并且是建在第二层上面的。通常来说，这样规模宏大的穹顶必须有一些支撑物。实际上，这个大圆顶里并无砖砌的骨架，圆顶也不是建在第二层上，而是建在第三层上，就像是一顶浅而扁的无檐帽，挺立在凹格的支撑上。因为穹顶外表装修的极为细致，所以才给人以整个连在一起的错觉。如此大胆的空间处理，在西方古代建筑中可以说是绝无仅有。古罗马人凭借高超的拱形技术，建造出一个独一无二的圆顶。圆拱形的内壁虽无窗户，却有彩色大理石以及镶铜等装饰。万神庙的内墙全部用赭红色大理石贴面，地面铺设着灰白色的大理石。地面和穹顶呼应，统一而和谐。

万神庙的艺术成就

万神庙曾毁于公元 80 年发生的火灾。到了公元 2 世纪初，阿德里亚诺皇帝在原址上进行了重建。后来德良皇帝又进行了进一步的整修。早期的万神庙也是前柱廊式的，焚毁后重建时，采用了穹顶覆盖的集中式形制。万神庙前的广场，现在已彻底改建。

神庙左右两侧原来还紧贴有其他的建筑物，也已毁除。现存的神庙外部只有柱廊，可能是从阿格里巴督造的旧万神庙拆移过来的。穹顶和柱廊原来覆盖的是镀金铜瓦，735年改以铅瓦覆盖。

万神庙是古罗马建筑中保存最为完好的建筑物，是继希腊神庙艺术之后的又一发展高峰。它充分发挥了高超发达的拱券技术，加大了神庙的内部空间，营造出壮阔宏大的风格，显示了古罗马人卓越的建筑工程技术。万神庙实现了以一岩当天盖的大胆假设，在现代结构出现以前，它一直是世界上跨度最大的空间建筑，其高妙的技术令人惊叹！它简洁洗练、和谐大方、恢宏浩大的建筑样式，使万神庙产生了一种非比寻常的美感。

罗马人在结构工程的发明上可谓登峰造极，文艺复兴时期的建筑师如果不是仔细研究建筑手册，根本就无法成功仿效罗马人达到的建筑水准。万神庙以巨大的体量和完美的形式创造了一个极为完整、统一、和谐的建筑空间，体现了罗马人崇高、宏伟的审美观念，对后世产生了极大的影响。

拜占庭帝国

拜占庭帝国（公元395～公元1453年），即东罗马帝国，是一个信奉东正教的君主专制国家。位于欧洲东部，领土曾包括亚洲西部和非洲北部。是古代和中世纪欧洲最悠久的君主制国家。拜占庭帝国共历经12个朝代，93位皇帝。帝国的首都为新罗马（君士坦丁堡）。1453年，被奥斯曼土耳其攻入君士坦丁堡而灭亡。

▲万神庙内景

哈德良建哈德良别墅

哈德良别墅是古罗马的大型皇家花园，它是罗马帝国的皇帝哈德良为自己营造的一座人间伊甸园。其规模虽不及中国的圆明园，但它在久远的古罗马文明中独树一帜，一直是后世意大利花园风格的典范。

哈德良的哈德良别墅

▲哈德良别墅模型

哈德良别墅是罗马帝国的皇帝哈德良为自己营造的一座大型皇家花园，它美轮美奂，被誉为“人间伊甸园”。别墅区域占地120公顷，几乎相当于两个规模较大的古罗马城镇。其实，除了没有居住区和商业区外，这里有庙宇、花园、浴场、图书馆、柱廊、剧场、仓库甚至包括一个人工岛等，可谓应有尽有。

这座伟大花园的主人是古罗马帝国的皇帝哈德良。他于公元76年出生在罗马。他的父亲是当地贵族，是前罗马皇帝图拉真的表弟。

良好的教育和个人天赋使哈德良成为一位在诗歌、数学、建筑和绘画等方面都有很高造诣的皇帝。可以说，哈德良对各门学科都得心应手。据他的一个传记作家记载，他可以同时口述备忘录，创作文学作品，倾听下属报告，与朋友交谈，并且妙语连珠。

就像大多数受过教育的古罗马人一样，哈德良认为：古希腊是一切高雅文化的源泉，为后世的文学、哲学、建筑和雕刻树立了楷模，罗马人应该学习和模仿。熟悉哈德良的人们都称他为“小希腊人”。他对其统治下的希腊地区的发展给予了特殊关怀，曾拨巨款资助其建设，使受希腊影响的东地中海地区等文化名城恢复了昔日风采，促成了历史上所谓的“希腊复兴”的产生。在他统治时期，罗马的建筑艺术和工程技术都达到了鼎盛水平。

对建筑着迷的皇帝

与许多有成就的皇帝一样，哈德良也有不足的地方。他沉溺于宴会、雕塑与绘画，并且挥金如土。他既严肃又放荡，既随和又庄严，既残暴又温和。任何时候，在任何

哈德良

哈德良（公元76～公元138年），罗马帝国安敦尼王朝的第三位皇帝，五贤帝之一，公元117年～公元138年在位。他是一位博学多才的皇帝，在所有的罗马皇帝中他是最有文化修养的一位。他具有艺术家的气质，这在他的诗篇中，在他的建筑设计中，以及在他的生活方式中，都充分地表现出来。他非常热爱古希腊文化。他统治时期的许多建筑都保留了下来，著名的有哈德良长城和哈德良别墅等。

事情上他总是反复无常。这位天才的罗马皇帝平生有两个最大的嗜好：一个是旅行，另一个就是建筑。

哈德良陆陆续续访问了当时帝国44个行省中的38个，足迹遍布欧亚非。并且他对所到之处的建筑、艺术、历史都样样精通。在建造哈德良别墅的时候，他把他最为仰慕的希腊文化古迹都“重现”于此。其中有亚里士多德讲学的健身堂，雅典议会主席团大厅以及斯多噶派最初聚集的画廊等。另外，埃及和东方的一些美景也被他收入园中，如位于尼罗河入海口的亚历山大里亚和其著名的卡诺普斯运河。卡诺普斯运河在哈德良别墅便是以一条掩映于浓荫中的长水池来代替的。

▲哈德良雕像

哈德良不但对建筑有浓厚的兴趣，而且还将其建筑构思付诸实践。哈德良在位时完成了一系列的建筑工程，主要有万神殿、维纳斯庙和罗马庙。万神殿长方形门廊后接圆顶大厅的形制，可谓哈德良的独创。

哈德良对建筑有浓厚的兴趣。历史上曾有这样一段故事：一次图拉真皇帝与著名建筑师阿波罗多格斯正在讨论一个建设方案，哈德良在旁边插话，却受到了阿波罗多格斯的嘲笑，他说：“你还是去摆弄你的大冬瓜去吧！”阿波罗多格斯所说的大冬瓜就是哈德良偏爱的圆顶结构。阿波罗多格斯也因此付出了代价，最终被哈德良杀害。

虽然这位倒霉的建筑师被皇帝所杀，但哈德良统治时期被后世誉为理想的盛世。德国古典诗人歌德就曾说过，他最愿意生活在哈德良时代。

古罗马的“万园之园”

哈德良别墅建在离罗马20千米的蒂沃利地区，这里一直就是罗马富人们建立避暑山庄的最佳地点之一。这片土地本来是用于耕作的农庄中心，到了后来，受希腊东部豪华宫殿的影响，罗马人开始在自己的别墅和郊区庄园里修建浴场、室内体育场、图书馆等建筑。这里变成了享乐的场所。花园里，灌木整齐划一，人造的荒地里野兽出没，镀金的大鸟笼里群鸟同鸣。所有这些建筑都装潢豪华。这里除了风景秀丽外，用平台和土方加高后的地形，也很适宜建筑。

▲哈德良别墅

哈德良别墅是一座庞大的离宫花园，里面有太多精品建筑和优良工程，不过最灵秀的可能要数水景了。

水是整个哈德良别墅建筑中最显著的主题之一，也是意大利花园的典型特点。别墅的管道设计，使得哈德良可以方便地使用一条专给罗马供水的主要渠道。绝佳的水源可以避免把水往高处升调的麻烦。水流从最南端引入，再通过一个有管道和水塔组成的复杂系统，最后流过整个别墅。最为复杂的水流系统是一个被称为“塞拉佩汶”的建筑。它实际上是一个半圆形的餐厅，周围水流环绕。客人可以倚靠在拱形遮篷下的半圆形长椅上，以面前的一条小渠当桌子，菜肴漂浮在水面上，真是风雅意趣之极。他们的身后有一个水帘洞，他们前面还有一个波光粼粼的水池。这些水都是从拱顶后面的高堤引来的，在许多地方形成了壮观的喷泉。在已知的水利建筑中，有 12 个莲花形喷水泉，30 个单个喷泉，6 个水帘洞，6 个大浴场，35 个卫生间。

哈德良别墅是一座规模宏大的行宫离园，其规模虽不及中国的圆明园，但它在久远的古罗马文明中独树一帜，一直是后世意大利花园风格的典范。

▲哈德良别墅遗址

为追求享乐建卡拉卡拉大浴场

卡拉卡拉大浴场是古代西方用于公共生活服务的建筑中规模最宏大的一所，这个浴场的使用要求最复杂，同时该浴室也是各部分的安排、布置最合理妥帖的建筑物。该浴场创造了丰富多彩的建筑空间形象。这种浴场的独特建筑结构，即使在罗马帝国的其他类型的建筑中，也是没有出现过的。

大浴场的功能

卡拉卡拉大浴场，古罗马帝国建筑杰作，是在古罗马国内经济繁荣、和平安定、建筑技术进步的情况下，人们为了追求官能刺激、追求享受而建造的。那段时期，罗马帝国各地都建造起了很多大大小小的浴场。大浴场规模很大，与我们今天城市里的公共浴室相比，不仅规模要大很多，里面的娱乐内容也要丰富得多。罗马帝国游手好闲的人很多，他们整天泡在浴场里面，观看表演、听演讲、甚至参加体育活动，有的人还在里面谈生意或进行政治活动。

卡拉卡拉浴场于公元211年至公元217年修成，可以同时容纳1600人，是罗马帝国最大的浴场之一。

▲卡拉卡拉浴场遗址

古罗马

古罗马，在史书上通常指的是从公元前10世纪初在意大利半岛中部兴起的文明国家。直到公元395年，罗马帝国皇帝狄奥多西一世去世，罗马帝国也因此分裂为东罗马帝国和西罗马帝国两部分。在西罗马帝国，经济发展缓慢，最终在公元410年，被西哥特人占领。公元452年，匈奴王阿提拉率领东方的游牧民族进兵意大利。公元455年，汪达尔人再次攻陷罗马城。公元476年9月，日耳曼人入侵西罗马帝国，西罗马帝国宣告灭亡。而东罗马帝国发展良好，一直延续至1453年，最终被奥斯曼帝国所灭。

独具匠心的三部分

▲卡拉卡拉浴场局部复原图

卡拉卡拉浴场建在一片高出周围地面的台地上。这座建筑由三部分组成：第一部分是外围的建筑物；第二部分是修建在核心部位的主要建筑物；第三部分是外围和核心部分之间的花园和场院。

最外圈的建筑物的面积很大，长575米，宽363米。它朝向东北那一面是浴场的入口，这一面拥有两层高的建筑。因为这一面正好建在台地的边缘上，所以，底层的商店可以对浴场外的街道营业，上层的商店可以面对浴场内部的花园和场院营业。外圈建筑的两侧拥有一连串大大小小的厅，那是演出和演讲的场所。外圈建筑的西南部分是浴场的储水库，可以储存3.3万立方米的水。这里的输水道是由罗马石砌成的。通过输水道，可以从很远的地方把水引到储水库中，然后再将水输送到各个浴池里去。

花园和场院是进行摔跤、角斗的竞技表演场所。靠储水库的那一侧是看台，可供观众们喝彩助兴。穿过场院和花园，就可以进入中间的主要建筑物了。

浴场的主要建筑

浴场的主要建筑的结构十分独特，面积也比较大，长达228米，宽116米。整个建筑的布置呈一种对称的布局。中轴线两侧的有一些小建筑，譬如两个小一点的蒸汽浴室、两个专供随从人员使用的浴室、两个较大的列柱廊，以及一些更衣室等等。重要的建筑分布在中轴线。沿着中轴线，从南到北分布着热水浴大厅、温水浴大厅、冷水浴池和中央大厅。冷水浴这个大规模浴室能容纳1600人，但一点都不拥挤，其原因是朝向东北的那一面有四个出入口，两侧各有两个出入口，能很快地分散人流。

需要指出的是，上面讲的那些厅、室和院子，在平面形状和室内的处理上有独到之处，它们的平面形状各不相同，有的就是一个大院子；有的三面有墙，上有屋顶，一面对着一个院子，称为半封闭的；有的四面有墙，上有屋顶，称为封闭的。有的有壁龛，有的没有壁龛。有壁龛的，大小形状又各不一样……除此以外，它们在布置上考虑了使用的方便与合理。

各个厅、室高度又各不相同，屋顶采用了混凝土制作的拱、券或穹顶，由于高度

▲卡拉卡拉浴场效果图

不同，就可以在屋顶有高差的地方开一些高侧窗，使得整个建筑物的所有房间都得到了直接的自然光线和良好的通风。例如热水浴大厅，它的屋顶是个像潘泰翁神庙那样的半球穹顶，它的墙上开了许多窗子可以直接向外采光。又如中央大厅，穹顶的底部开着高侧窗，所以整个大厅很明亮。

一个个的大厅里，还陈列着许多精彩的古代雕像，这些雕像有的是请希腊艺术家在罗马创作的，有的是直接从希腊运来的。这些大厅里还陈列着许多大理石雕刻的狮子雕像，狮子口中还会源源不断地涌出清凉的水。在酷热的季节里，这种景象着实令人感到舒适、凉快。

这些艺术精品中有许多后来都被搬到天主教圣地梵蒂冈和罗马的一些博物馆去了。以后又经历了一些战争，一些艺术品再次被掠夺到欧洲其他国家的博物馆了。

主要建筑物室内的装饰也很有特色，在地面，一般都铺有成几何形状的图案，色彩非常鲜艳。墙身上也有装饰，还贴着色彩丰富的大理石。支承穹顶的柱子的制作材料非常珍贵，有花岗岩、斑岩、雪花石膏等。大理石也被用来装饰壁龛的外框。在穹顶的内面，也有装饰，工匠用格子形天花板或把彩色玻璃马赛克贴在里面，显得非常丰富多彩。

▲卡拉卡拉浴场复原图

主要建筑物的地下室里，布局的是大片的辅助用房。也正因为辅助用房都放在地下室中，使得地面以上的平面组织更合理、简洁。关于冬季的取暖问题，这里也有考虑。设计者在地面以上的建筑墙身中砌上烟道，与热气管道相通，只要在地下室里生起火来，热烟顺着管道、烟道走遍整个建筑的墙壁，室内都变得十分温暖了。

卡拉卡拉大浴场是前所未有的，即使在罗马帝国的其他类型的建筑中，也没有见到过。它创造了丰富多彩的建筑空间。

第三章
中世纪前期的宗教建筑

中世纪前期的建筑，严谨而不乏奢华，多为教堂、修道院等宗教建筑，宗教味浓烈。

圣保罗教堂很长一段时间里，一直是罗马最大的教堂。这里集中了当时世界上最珍贵的镶嵌画、壁画与浮雕。君士坦丁堡的圣索菲亚大教堂就是拜占庭建筑中最辉煌的杰作，也是世界建筑珍品之一。

加尔加索尼城堡别致，并独具特色，那坚固的塔楼、森严的墙壁、宏伟的气势、独有的形式，令人难忘。可以说，人们形容它“固若金汤”绝不为过。利托米什尔城堡被称作“建筑史上的一颗珍珠”。

为坚壁清野建加尔加索尼城堡

加尔加索尼城堡具有两个功能：一是防御敌人的阵地，二是坚壁清野的堡垒。可见，城堡在中世纪时期的作用是举足轻重的。

城堡的历史功能

▲加尔加索尼城堡侧影

从公元3世纪开始，在西欧大地上，一些王国之间经常爆发连绵不断的混战，但大多都是为了争夺王位、土地或财宝。这样的战争持续到中世纪，发生的频率更加频繁，各小王国之间为争夺领地，互相蚕食、吞并，经常大打出手。城堡的修建也因为持续的战争而得到不断发展，由此并达到了最高峰。

这些城堡在历史上被称为高堡、水堡和低堡。一般史学家认为，城堡具有两个功能：一是防御敌人的阵地，二是坚壁清野的堡垒。可见，城堡在中世纪时期的作用是举足轻重的。

这些城堡往往建造在难以接近的高山峻岭、陡壁悬崖之上，或四面环水的人造及天然的岛屿之中，也有建造在平原沼泽之间的。大多数的城堡有两个或三个门，门前有吊桥、壕沟或护城河，门上装有门闸和沥青浇口。

每当战争爆发时，住在城堡四周的村民还可以携带牲口、粮食、举家进堡躲避。所以，城堡内备有水井、军火库、教堂，村民和士兵可以在里面生活一段时期。

在城堡中还设有瞭望塔，从塔顶可以及时地发现来犯的敌人。这些瞭望塔的形状又各不相同，有的是长方形的，有的是五边形的，有的是圆形的。瞭望塔一般为3到4层，每层之间有旋梯相连接。塔的底层有时还设有土牢，用来关押俘虏。

城堡外是砌筑得很高的多重围墙，围墙间的廊道便是用于战斗的阵地，士兵可以从这里向敌人投掷石块，施放弓箭，发射火炮，倾倒沥青。战争开始后，堡外的乡村一般都做到了坚壁清野。

城堡的建筑特点

加尔加索尼城堡位于法国的奥德省境内，它初建于公元3至4世纪，是座中世纪时期著名的城堡。

加尔加索尼城堡附近的小山岗上，原来还有一座小的圣·米歇尔城堡，因为所处的战略位置不利而被拆除了。在13世纪时，加尔加索尼城堡在法国国王和宫廷大臣的要求下，又进行了重修。

▲加尔加索尼城堡近景

加尔加索尼城城堡主体的平面呈矩形，长75米，宽45米。城堡主体内的高耸的潘特塔居高临下，可监视周围战场上发生的一切，被当作整个城堡的指挥中心。城堡主体内有两座方形塔楼，那是领主们的居室。

主体四周建有两道不规则的围墙，外墙长1500米，上有16个圆形和马鞍形的塔，内墙长1100米，上有26个圆形和马鞍形的塔。

外墙的正西面还有一座主教方塔，那是可以防御从正西面而来的偷袭者。内墙东北角是主大门，是由两座相同的塔楼对峙组成的。门外有一道半圆形的防护墙，门内装有活动的铁闸，和右侧的特莱索塔可以互相策应。另外，内墙四周还设有达维让塔、保罗塔、米巴得尔塔和维也拉斯塔，它们分占几个角位，构成了多方位的防御网。

城堡主体的北侧和东侧有六座圆形塔楼。正南面是圣·纳赛尔门，门外也有一道半圆形的防护墙，门两边是圣·马尔丹塔和姆兰·都·米第塔，这种三角形的布置，是易守难攻的。

整个城堡最醒目、最高大的塔可以说是凸丁外墙东南角上的瓦特塔了。这是一种对付第一线来犯敌人的塔，它的内部有自成系统的战斗装置，有火炉，有蓄水池。

另外，在城堡主体与围墙之间大院内有许多平房、仓库和辅助性建筑。

“固若金汤”的城堡

在中世纪，加尔加索尼城堡可以说是“固若金汤”。那坚固的塔楼，森严的墙壁，宏伟的气势，独有的形式，令人难忘。加尔加索尼城堡有如此完整的规模和如此众多的塔楼层层相贯，步步为营，这在古城堡中是罕见的。

从作战的角度看，倘若第一道防线被攻破时，士兵们可退居到第二道防线内继续进行抵抗；倘若第二道防线被攻破时，士兵们还可以在城堡内各种建筑的防御体中进行抵抗。它的内墙实际上已形成了第二道防线，当第一道防线的外墙在进行作战时，它不仅可以提供后援，而且还可以巡视整个内外墙之间的廊道，从容地布置兵力，运送弹药。而装备最完善的城堡主体，本身就是一个异常坚固、异常有力的抵抗个体。

中世纪后，不少古堡被拆除，加尔加索尼城堡侥幸保留下来，因此成为著名的城堡建筑。

圣玛利亚大教堂为供奉圣母而建

圣玛利亚大教堂坐落在埃斯奎利诺山上的埃思奎里纳广场，是西方第一座供奉圣母的教堂。圣玛利亚大教堂的正门建筑是佛罗伦萨杰出的建筑大师福卡·弗尔迪南多设计建筑的，看上去十分庄重典雅，属巴洛克晚期风格。

大教堂的选址

▲圣玛利亚大教堂

圣玛利亚大教堂建于公元352年左右，坐落在七丘之一的埃斯奎利诺山上，是罗马四大教堂之一。此外，圣玛利亚大教堂还是西方第一座供奉圣母的教堂。

关于这座教堂的修建，罗马流行着一种传说：约翰是罗马的一位绅士，他和夫人多年无子，所以想得到一子。在8月的一天，约翰梦见了圣母，圣母在梦里告诉他说可以赐他一个儿子，但条件是在第二天凌晨，找到一个有雪的地方建一座教堂。

可8月正是酷暑炎炎的季节，哪里会有雪呢！这可急坏了约翰夫妇。这对夫妇只得去请教教皇。不料，教皇说他也做了一个要在有雪的地方建造教堂的梦。教皇说，8月只有埃斯奎利诺山依旧被大雪覆盖。于是约翰便捐钱在埃斯奎利诺山建起了圣玛利亚大教堂，他最终也顺利生下了儿子。

▲埃斯奎里诺山街景

这毕竟是传说，8月炎夏下雪的可能性不大。不过西欧人笃信这个传说，如今的罗马，还经常在8月5日在这一天，表演一番8月雪的场景，以示庆祝圣玛利亚大教堂的建立。

现在的圣玛丽大教堂是教皇西斯托三世在原址上重建的，工程从432年开始，直至440年才彻底完工。

格里高利十一世

格里高利十一世（1329～1378年），原名皮埃尔·罗杰·德·博福尔，是法国籍的最后一位教皇，1370年当选教皇，他在公元1377年将教廷从阿维农迁回了罗马。

▲圣玛利亚大教堂正厅

大教堂的建筑风格

教堂坐落在埃斯奎利诺山上的埃斯奎利诺广场，正门建筑风格属巴洛克晚期风格，显得十分庄重典雅。这是佛罗伦萨杰出的建筑大师福卡·弗尔迪南多在1743年受教皇的委托重新设计建筑的。

教堂右侧的钟楼年代更久远。他是格里高利十一世从流放地重回罗马之后，于1377年修建的，高度为75米。

为了庆祝1575年圣年，格里高利十三世还在教堂广场上添置了一座西班牙国王菲利浦十五世的巨大铜像，这是为了纪念菲利浦十五世。

教堂广场上的古罗马圆柱是17世纪教皇保罗五世从古罗马马森齐奥教堂遗址上迁来的，圆柱的顶端是一座头顶光环的纯洁圣母像，塑像正对着教堂的大门。

▲圣玛利亚大教堂是典型的巴洛克风格

华丽高贵的正厅是圣玛利亚大教堂最令人惊叹不已的部分。36根希腊爱奥尼亚风格的大理石圆柱是原教堂留下来的，这些圆柱的上端壁上是36幅《旧约全书》中的36个场景在5世纪时的镶嵌画。这些艺术珍品浸透了拜占庭风格，反映的是耶稣的诞生和童年的生活。这组画保存得十分完整，无疑

> ### 保罗五世
>
> 保罗五世，罗马第235任教皇，1605 ~ 1621年在位。原名卡米洛·博尔盖索。他主要的贡献是继续特力腾大公会议的决议，并于1614年颁布罗马教会礼仪书，并作为全球教会举行圣事礼仪的范本。

是研究西罗马帝国时期艺术的珍贵依据。

教堂后殿主祭坛上方的《圣母加冕图》，是由雅科伯·陶立提制作的，展现了玛利亚被加戴金冠的情景，圣子耶稣给母亲加冕。大厅顶端半圆形窗户的一组表现圣母玛利亚生平的镶嵌画也是由雅科伯·陶立提在1295年制作的。

教堂内美丽的大理石地面原是12世纪教皇欧金尼奥三世下令重铺的，地面铺成的几何形图案，这与金碧辉煌的天花板、朴素庄重的大理石圆柱极其和谐。

圣玛利亚大教堂天花板是文艺复兴时代建筑大师朱利亚诺·达桑卡洛所制。这花格平顶式天花板于15世纪末建成，表层镀的金是哥伦布从美洲新大陆带回来的第一批金子。天花板还装饰了时任教皇所属的博尔乔家族族徽的盾形纹章，精工细作，每个花格内的玫瑰花图案直径长达1米，足见整座建筑规模之巨大。

巴洛克式小堂

主祭坛的两侧有两个宽敞华贵的小堂。右边为西斯托小堂，小堂的前身是一个13世纪的小型教堂，是为了保存耶稣摇篮遗骸所建。为了建造这一豪华圣礼小堂，西斯托五世下令拆毁了罗马元老院遗址内的一个多层巨形装饰性建筑。从那里拆下来的大理石装点了这丰富瑰丽、饰满壁画的小堂。

西斯托小堂对面是保罗五世为他自己的家族所修建的博尔盖赛小堂，这座小教堂堪称罗马教堂中最华贵的私人礼拜堂。这个小堂享有“巴洛克式小堂”的美名，当时许多著名的艺术家曾在这个小堂内展示自己的才艺，他们在装饰这里时，充分突出了巴洛克艺术风格华丽明快的特色而抛弃了其浮夸过度的缺陷。小堂主祭坛上方的圣母玛利亚像是最著名的艺术作品，这个画像以光滑晶莹的大理石为框，框上镶嵌着无数珍贵的宝石，再次向人们展示了这一家族的富有。

▲教堂的顶部

拜占庭时期建圣索菲亚大教堂

君士坦丁堡的圣索菲亚大教堂是拜占庭建筑中最辉煌的作品，是世界建筑珍品之一。圣索菲亚大教堂是皇帝、大臣、贵族直至平民来参加宗教仪式和国家庆典的宫廷教堂。后来，土耳其人击溃拜占庭帝国，圣索菲亚大教堂改为为土耳其服务。这座教堂以其高超的建筑艺术和建筑技术，成了后世建筑的样板。

东西方文化融合的产物

公元 395 年，罗马帝国分裂成东、西罗马两个帝国，今天土耳其的国土是曾经是东罗马帝国的领土。今天土耳其的第一大城市伊斯坦布尔，是东罗马帝国的首府君士坦丁堡。

▲圣索菲亚大教堂外景

由于拜占庭帝国处于东西方的过渡地带，一直是东西方贸易的集散地，由于经济的发展，所以拜占庭帝国逐渐成为一个强盛的国家。同时，拜占庭帝国对于东西方文化艺术，采取了兼容并蓄的态度，这也是它强盛的原因。

在此基础上，拜占庭逐渐形成了独特的、具有强烈的民族和地方色彩的建筑形式。他们从东方的波斯帝国和小亚细亚的穹顶中吸取养料，创造了一种全新的穹顶形式；他们从西方的西罗马帝国学来了混凝土技术；他们还从波斯、印度学来镂刻以及加工各种彩色大理石的技术，使用这些得以装饰建筑物的墙壁和穹顶的内面。

在拜占庭建筑中最辉煌的杰作中，当数君士坦丁堡的圣索菲亚大教堂。

拜占庭的国教是东正教，所有的臣民都必须信仰它。于是，在公元 532 年，拜占庭帝国开始建造圣索菲亚大教堂，于公元 537 年建成。圣索菲亚大教堂建成后，便迅速成为皇帝、大臣、贵族直至平民前来参加宗教仪式和国家庆典的宫廷教堂。

教堂的体型十分庞大，引人注目，在从地中海驶近君士坦丁堡的船上就能看到它。因为教堂需要容纳众多的人，所以教堂的平面和空间布置都要基于这样的目的。

▲圣索菲亚大教堂内景

大教堂的整体结构

圣索菲亚大教堂的整个平面是一个巨大的长方形。建筑物前面有一个很大的院子，人们穿过这个大院子，就来到了朝东的教堂的主入口。

入口有内外两层门廊。内层的门廊是入口处的关键。门廊的上层是教堂的特别席。院子和门廊的底层是在举行宗教仪式时，供准备接受洗礼的人使用的地方。

教堂由四个石墩支撑着四个半圆拱构成，拱上托着直径 32.6 米，离地面达 54.8 米高的半球形的穹顶。这四个石墩，每个都长 7.6 米，宽 18.3 米。中央穹顶的东边和西边各是半个半球形的穹顶，它们和中央部分合在一起，形成了一个长 68.6 米，宽 32.6 米的空间。

教堂的中央部分则是圣职工作人员的活动场所，是唱诗班唱颂歌和宣讲《圣经》的地方。王公贵族们也可以停留在中央大厅里。教堂中央部分的南、北两边各是一个两层高的廊道。上层的廊道是妇女们参加仪式的地方，廊下是容纳一般市民的地方。教堂大厅最东端是半圆形平面的圣坛，比起中央部分，它要小得多。

对建筑艺术的突出贡献

圣索菲亚大教堂被公认为世界建筑的珍品，对于建筑艺术，它有两方面的突出贡献。

▲圣索菲亚大教堂内景

第一是教堂丰富多变的内部空间。

拜占庭的建筑师们用四个独立的石墩支撑起教堂的穹顶，建筑物的下部因此就变得极为通透开敞了。同时，他们把多个穹顶组织在一起，各种不同大小、高矮的穹顶则有条不紊地依附着大穹顶。这些建筑艺术，是前人从来没有使用过的。

这就使整个建筑从室内看，由于下部的通透，不同高度的穹顶下的空间相互交流融会而步移景异，人处其中，真有无穷无尽的感觉。在室外看，既丰富多变，又有主有次，使教堂内部的空间层次更为丰富，显得气象万千。

第二是教堂拥有复杂的，但条理分明的结构受力系统。

在1400年前，科学技术还很不发达，特别是对建筑结构受力在理论上的认识还处在极其肤浅的情况下，能够拥有如此复杂的受力系统，实在是难能可贵。

▲圣索菲亚大教堂华丽的穹顶

在教堂中，东、西各一的两个矮一些的半穹顶承受着大半球穹顶产生的东、西方向上的横向推力。更小更矮的半穹顶支承着两个矮一些的半穹顶所产生的横向推力，它们层层传递，直到推力减到最小。

在这里，一种建筑部件起着多种结构受力的作用。四片长长的厚墙支撑着中央穹顶南、北方向上的横向推力。而四个石墩既支撑着上面的半圆拱和穹顶，还起着抵抗横向推力的作用。

还值得赞赏的是，拜占庭人发明了用骨架式的拱券来建造半球形穹顶的方法。他们在穹顶的根部，骨架拱之间，开出一圈紧密排列的40个窗子。宽阔的穹顶本来离地已50多米高，当强烈的光线从这些窗子里照射下来时，就显得更加虚无缥缈了。

内部华丽外观朴实

圣索菲亚教堂内部的色彩是非常华丽的，而外观却朴实无华。

教堂的穹顶四边的拱上及穹顶内壁镶嵌着金底、彩色的玻璃画，描绘着圣人、信徒的活动。再加上教堂的墙上布满了色彩灿烂、纹理如同大海的波浪一样的大理石，在大厅里向上看，就能够看到闪烁着的金光。

与室内富丽的装饰、多变的空间形成强烈的对照，教堂外墙却没有多少装饰，仅仅是一般的粉刷，穹顶上覆盖的是一层铅板。内部华丽外观却朴实，也因此成为拜占庭建筑的一般特征。

1453年，土耳其人占领拜占庭帝国，在这块土地上建立了土耳其国。土耳其人被圣索菲亚教堂魅人的建筑艺术所倾倒，决定让它由为东正教服务改为为土耳其人服务。并在教堂的四个角上，加建了四个“召唤楼”，使它具有了土耳其的民族特征。这座教堂也因此成为后世许多新建的土耳其建筑的样板。

利托米什尔城堡展示拱廊风格

利托米什尔城堡被称作“建筑学上的一颗珍珠”。城堡被完好无缺的保留下来，向世人展示了出现于欧洲文艺复兴时期的拱廊式的建筑风格。这种建筑风格，在16世纪的欧洲中部被广泛采用并得以充分发展。

▲利托米什尔城堡

“建筑学上的一颗珍珠”

利托米什尔城堡位于捷克中部的帕尔杜比采州，始建于10世纪末期（1568年～1581年），这座原中世纪城堡，后来被改建成了意大利文艺复兴时期建筑风格的城堡。

利托米什尔城堡被称作“建筑学上的一颗珍珠”，它承袭了文艺复兴时期拱廊式城堡的建筑风格。它的图案、装潢以及巴洛克式样的装饰物，都堪称建筑艺术上的极品。

这种建筑风格，在16世纪的欧洲中部被广泛采纳并得以充分发展。

如今在城堡内，还呈现着曾经的富贵装饰。奢华的房间，摆放着各式钢琴。就连地下室的装饰也异常奢华，那里有着各种特色的雕塑，它们均出自20世纪捷克著名的雕塑家奥伯拉姆·祖贝克之手。

在城堡里，有一个异常别致的能够容纳150个观众的小剧院。在1994年，中欧七国首脑的谈判就在这里举行。在20世纪80年代，该城堡还是米洛什·福曼的影片《阿马德乌斯》的一个拍摄点。

值得一提的还有城堡内粗犷的刻画。这些刻画都是由20世纪70年代捷克共和国一流的油画家瓦茨拉夫·博斯蒂克和雕刻家奥布拉姆·朱贝克制作的。

城堡塔顶很高，城堡外墙上用五彩拉毛粉饰绘成的砖，每块砖都画得非常不同。

“摩拉维亚”类型

在建筑史上，一般将该利托米什尔城堡归于文艺复兴时期城堡中所谓的“摩拉维亚”类型。

“摩拉维亚”类型的建筑，是一种有着高大的拱廊式建筑，而且内饰十分奢华，每一种装饰物都修建得非常精细，并采用大量装饰性壁画。

利托米什尔城堡被完好无缺的保留下来，向世人充分展示了出现于欧洲文艺复兴时期的“摩拉维亚”类型建筑风格。

第四章

中世纪建筑的突破

中世纪建筑风格一般以哥特式为主，它亲历了中世纪的巅峰期与衰退期，并直接孕育了文艺复兴时期的建筑艺术。

米兰大教堂是世界上最大的哥特式建筑。而宏伟壮丽、别具一格的威斯敏斯特宫，是哥特式建筑的代表作，其建筑艺术之高超，堪称是英国最有代表性的一景。

佛罗伦萨大教堂，也被称为“花之圣母大教堂”，是文艺复兴的第一个标志性建筑，被称为文艺复兴的报春花。

文艺复兴风格的建筑，多以形式繁杂、追求装饰的巴洛克和洛可可建筑风格为主，典型实例有圣卡罗教堂、拉斐特城堡以及巴黎苏俾士府邸等。

威斯敏斯特宫原是王家宫室

宏伟壮丽、别具一格的威斯敏斯特宫，其建筑艺术之高超，堪称是英国最有代表性的一景。威斯敏斯特宫气势磅礴，是世界上最大的哥特式建筑物。整个大厦里的家具陈设，完全是宫廷格调，十分富丽堂皇。

从初建到重建

威斯敏斯特宫原为王家宫室，始建于11世纪。但原有建筑毁于大火，如今的威斯敏斯特宫是后来重建的。作为该建筑一部分的威斯敏斯特大厅却不是重建的，而是真正的古迹。

▲威斯敏斯特宫外景

威斯敏斯特大厅建于14世纪末，特点是以橡木为梁。1547年，爱德华六世把威斯敏斯特宫拨给议会，从此威斯敏斯特大厅成了国会所在地。这个大厅除作为国王举行盛大国宴的地方外，还发生过一些重要的历史事件，其中包括国王爱德华二世在此宣布退休。

从15世纪初起，威斯敏斯特大厅还被用来作为审判头等政治犯的法庭。国王查理一世1649年被判处死刑前，也曾在这里受审。克伦威尔的首级后来也在这里陈列。

1965年丘吉尔死后，他的遗体告别仪式也在这里举行。

爱德华六世

爱德华六世（1537～1553年），原名爱德华·都铎，是统治英格兰与爱尔兰的都铎王朝第三任君主。他于1547年1月28日即位，在同年2月20日加冕时，年仅9岁。由于年轻病弱，爱德华六世在位6年便去世，后由他祖父亨利七世的外曾孙女简·格雷继承王位。

1840年，英国政府决定建造一座举世无双的议会大厦，以彰显其称霸世界的威风，便向全国征集图样。1836年，著名建筑师巴里的设计方案被采纳。

威斯敏斯特宫重建于1840年，完成于1857年，共花了17年的时间，造价是300

多万英镑。威斯敏斯特宫的建筑技艺之高超，就今天来看也是第一流的。

1941年5月10日夜晚，希特勒空军猛烈轰炸威斯敏斯特宫，下院的会议大厅全被摧毁。战后的1950年10月26日，英国政府按原样修复了下院会议大厅。

▲威斯敏斯特宫内景

建筑艺术高超

威斯敏斯特宫占地面积3.24公顷，主体建筑是3座大厦。这3座大厦分为前后三排，各自长达287米，两端和中间由7座横楼相连，从而形成了一个整体。

宏伟壮丽、别具一格的威斯敏斯特宫，其建筑艺术之高超，堪称是英国最有代表性的一景。威斯敏斯特宫气势磅礴，是世界上最大的哥特式建筑物。整个大厦里的家具陈设，完全是宫廷格调，显得富丽堂皇，庄严肃穆。

据说，威斯敏斯特宫里的许多家具是从当年英国的殖民地运来的，内阁大臣办公室的写字台分别来自加纳、肯尼亚和塞浦路斯，议长的座椅是澳大利亚送的，议长席前的橡木长桌是加拿大送的，议事厅的大门来自印度和巴基斯坦。

维多利亚塔的特点

宫殿的西南角有一个维多利亚塔，是一座高近百米的全石结构。因为是砖石结构，防火功能强，所以被用来存放议会的重要文件档案。塔楼下部的皇家大门，平时则关闭起来，只供英王到议会时使用。

宫殿的东北角的方塔是一座97米高的钟楼，钟楼是由本杰明爵士监制的，所以钟楼被命名为大本钟。钟楼上的大钟表有21吨多重，钟楼上部的圆形表盘直径达7米，时针和分针的长度分别为2.75米和4.27米。大钟发出的响声，可以传到很远的地方。每当议会开会的时候，白天在维多利亚塔上升起英国国旗，夜晚则用灯光照射大本钟楼。

奥古斯丁建成坎特伯雷大教堂

英格兰的坎特伯雷大教堂整栋建筑呈现出一个十字架的结构，是世界上最宏大最壮丽的天主教堂之一。英国著名诗人奥登之所以把坎特伯雷大教堂比喻为“灵魂的巨轮”，是因为这座建筑承载了太多的历史文化积淀。

修建历史

坎特伯雷位于英国东南部肯特郡，是座不到 4 万人口的古城，有肯特郡“英格兰花园”之称，坎特伯雷的风景也非常优美。公元 597 年，传教士奥古斯丁受教皇委派，从罗马来到作为撒克逊人肯特王国教城的坎特伯雷。据史料记载，奥古斯丁初建成了坎特伯雷大教堂。在王后的帮助下，奥古斯丁在这里站稳了脚跟，成为第一位坎特伯雷大主教，并以此为根据地，把基督教传播到了整个英格兰。在英格兰，坎特伯雷是基督教信仰的摇篮。

▲坎特伯雷大教堂外景

12 世纪时，英王亨利二世为了控制基督教，任命他的臣僚和好友托马斯·贝克特为坎特伯雷大主教。但贝克特当上主教后，宣称他从此不再听从国王，而只听命于罗马教皇。贝克特因此被亨利二世的四名骑士杀死。贝克特的死亡，给他带来了巨大的荣誉，他被信徒们尊奉为“殉教者”。在以后的几个世纪里，难以计数的信徒为了朝拜这位“殉教者”，纷纷涌入坎特伯雷大教堂。

亨利二世

亨利二世（1133 ~ 1189 年），法国的诺曼底公爵（1150 年起）、安茹伯爵（1151 年起）和阿基坦公爵（1152 年起），1154 ~ 1189 年是在位的英格兰国王。他所创立的金雀花王朝是英格兰中世纪最强大的一个封建王朝。他在英格兰进行一系列改革，加强了王权。他把大部分司法权力集中于国王手中，并采用陪审制，提高王室法庭的地位。

坎特伯雷因此一跃而成为英国的“圣城”。

▲坎特伯雷大教堂内景

坎特伯雷大教堂是1452年由尼古拉五世下令重建的。意大利最优秀的建筑师坎特伯雷、德拉·波尔塔和卡洛·马泰尔相继主持坎特伯雷大教堂的设计和施工。1626年，坎特伯雷大教堂修建完成。

建筑风格

坎特伯雷大教堂中央的圆顶是由米开朗琪罗设计的，是两重结构，内部很明亮。前面的第三礼拜堂里有贝尼尼所建的祭坛，只有祈祷的人才能进入，其他人禁止入内。

右边走廊里，有米开朗琪罗23岁时的作品《彼得》。如今只能隔着玻璃欣赏，但是仍然能打动人们的心。正中央右边有圣彼得的青铜像。

左侧以及与第二、第三礼拜堂相对的墙面上有波莱渥罗为伊诺欠兹奥八世建造的青铜纪念碑。

圆顶的入口设置在面向教堂外侧，尽管有电梯，要到屋顶庭园还必须要登330级台阶。从屋顶眺望圣彼得广场的夕阳是最美的。圆顶下是教皇的祭坛，用贝尼尼创作的青铜华盖覆盖着，那扭曲的粗圆柱似的独特形状很引人注目。

▲坎特伯雷大教堂夜景

大教堂下面的礼拜堂里有圣彼得的墓。墓前跪着的是教皇庇奥六世像，是由新古典主义雕刻家卡诺巴创作完成的。

坎特伯雷大教堂承载了太多的历史文化积淀，英国著名诗人奥登把坎特伯雷大教堂比喻为“灵魂的巨轮”。

格林尼治天文台原是皇家宫殿

英国皇家格林尼治天文台旧址位于英国伦敦东南8千米的泰晤士河畔的格林尼治，格林尼治也因此而举世闻名。第二次世界大战后，格林尼治天文台迁往新址。格林尼治天文台旧址已成为一座供游人参观的国家博物馆。

▲格林尼治皇家公园

曾经是皇家宫殿

英国皇家格林尼治天文台旧址位于英国伦敦东南8千米的泰晤士河畔的格林尼治，格林尼治属于大伦敦的一个区，也就是因为天文台旧址曾长期设在此地而举世闻名。

1616年，詹姆斯一世的皇后让尹尼果·琼斯设计一座宫殿。1638年，这座宫殿竣工，坐落在格林尼治皇家公园中，产权归查理一世的皇后。这座宫殿受到意大利皇宫的启发，改变了英国詹姆斯一世时期的建筑风格，宫殿富丽堂皇，内部采用了螺旋式的楼梯设计，是英国最早的古典式建筑。

这座宫殿经历了英国的都铎王朝和斯图亚特王朝，是英国最著名的大型集会场所之一，也是一座历史博物馆。

格林尼治既是皇家狩猎场，又是战略要塞。说其是狩猎场，是因为该地依山傍水，景色宜人，而且野兽经常出入于此，所以皇室将其作为养鹿、放鹰、打猎的皇家狩猎苑；说其是战略要塞，是因为这里地势比市区高，而且这里是从海上进入泰晤士河到伦敦的必经之地，素有“伦敦咽喉”之称。早在15世纪，英国王室就在格林尼治修建了宫殿、炮台和瞭望塔。

瞭望塔改建成天文台

17世纪下半叶，西方航海业日益兴旺。当时可以凭借日月星辰来判断航船所处的纬度，但还无法测定所处的经度。1675年英国国王查理二世将格林尼治瞭望塔改建成了英国皇家天文台。

格林尼治天文台经过长期艰苦的观测和研究，测定航船经度这个难题终于得到解决。这座天文台也为航海事业做出了重大贡献。早在1767年，它就出版了第一本航海天文历。有了航海天文历，海员们就可以利用太阳和恒星的方位来确定船只所在地点的纬度。从那以后，格林尼治天文台每年公布一次航海天文历，供英国海员以及其他西方船只使用。

格林尼治天文台因此名声大噪。杰出的天文学家哈雷曾担任格林尼治天文台台长。

▲格林尼治天文台

当时在计算经纬度时还存在着分歧。纬度以赤道为零度，南北极为九十度，这是人们很早就取得共识的。但经度却没有这样天然的零度线，于是各国自定经线，各行其是，给航海计时制图造成诸多不便。1884 年，世界各国天文学家在华盛顿相聚，有人提议，鉴于格林尼治天文台的杰出贡献和国际声誉，应该把它定为地球经线的起点，也就是说，从该地划出的经线被确定为零度经线。同时还规定，把世界划分为 24 个时区，以格林尼治时间为国际标准时间。各地区参照此标准时间而定。例如北京在东八区，时间就比格林尼治早 8 小时。从此世界有了统一的空间和时间的概念。

现在是国家博物馆

第二次世界大战后，格林尼治地区发展成为工业区，居民人口猛增，生产规模扩大，环境污染严重，对天文台的观测影响极大。为此，1948 年，格林尼治天文台不得不迁往新址——英格兰东南部的赫斯特孟苏，该天文台仍然被称为英国皇家格林尼治天文台。

新的天文台是一座现代化的建筑，装配有先进的大倍数天文望远镜和世界上最标准的原子天文钟和计算机。

格林尼治天文台旧址已成为一座国家博物馆，馆内陈列着人类最原始的计时器具日晷和沙漏，以及英国早期各种天文航海方面的仪器。在这里还能看见英国钟表制造家哈里逊 (1693 ~ 1776 年) 发明的航海天文钟、最简单的罗盘、计时最精确的原子钟以及各式天文望远镜。

天文台角塔的顶端，耸立着一个红色的时球，造于 1833 年。从那时起，它就每天 12 点 55 分升到杆顶，13 点准时落下，向航行在泰晤士河上的船舶报时。

天文台旧址周围的山地，还建成了一个大花园，一片数千顷的大草坪展现在人们面前。美丽的花坛，茂密的树林，和各种天文航海方面的仪器。

镶嵌在庭院大门墙上的门钟，是天文台旧址的一个重要文物，这是 1851 年安装的。这台至今还非常准确的时钟所指示的时间就是国际标准时间。据说英国国会的大本钟就是以此钟为母钟，定时校准时间。

在子午馆里，最引人注目的是一条镶嵌在大理石地面上的笔直铜线，这就是举世闻名的本初子午线 (零度经线)。铜线两边分别标着“东经”和“西经”字样。

比萨斜塔因倾斜停工 100 年

位于意大利比萨城的比萨斜塔是世界闻名的建筑奇观，该塔一直巍然屹立，这种“斜而不倒”的现象，堪称世界建筑史上的奇迹。比萨斜塔是比萨教堂建筑群中的钟塔，在比萨大教堂的东南侧位置。比萨斜塔举世闻名，吸引着世界各地的人们。

因倾斜停了下来

1173 年，为了纪念 1062 年打败了阿拉伯人，当时的君王决定聘请当时著名的建筑师那诺・皮萨诺主持修建一个包括有主教堂、钟塔和洗礼堂在内的宏大建筑群，而比萨斜塔就是其中的钟塔。

比萨塔的第三层完工后，也就是塔身建到 10.6 米时，建造者突然觉察到建筑物的垂直度在偏移。于是，工匠就在塔身的南侧垒砌较高的石块，而在北侧用稍矮的石块，想以此来补救。但这样使塔身不但更加倾斜，而且变得弯曲。后来，地基下松软的土层由于受到塔重的挤压开始渗出水来，工程只好停止，这一停就是 100 多年。

▲比萨斜塔全景

比萨

比萨是意大利中西部城市。它在历史上是个海滨城市，曾是利古里亚海岸的港口，随着陆地的扩展，比萨距海越来越远了，现已距海 10 千米。城市多中是中世纪建筑艺术。除了著名的比萨斜塔外，还有罗马式大教堂、博物馆与图书馆等。

克服困难重建

到了 13 世纪，人们又将目光集中到这被废弃多年的工程上。比萨塔又开始了它的二期工程。当时著名的建筑师托马斯・皮萨诺对比萨塔进行了精心的测定后，认为现有的斜度并不影响整个塔身的建造，完全可以继续进行。这回，为了防止塔身再度倾斜，工程师们采取了一系列的补救措施。可比萨塔建到了第七层时，塔顶中心点已经偏离塔体中心垂直线 2 米左右，这项工程再次停下来。

一直等到 1350 年，有关人员给这个七层的塔身加了一层钟楼，比萨斜塔这才正式封顶。然而正是这层钟楼的重量，使整个比萨斜塔便从原来 1.5 度倾斜变为如今的 5.5 度的倾斜。

在 1838 年时，比萨斜塔由于持续的倾斜，一个名叫克拉德斯卡的建筑师竟愚蠢地挖动基座边的土。结果短短几天内，塔身又向前倾斜了 0.75 度。

▲比萨斜塔近景

从 19 世纪开始，人们就对比萨斜塔采取了各种挽救措施。20 世纪 30 年代，工程师们在比萨斜塔地基上钻了几百个洞眼，灌注了 80 多吨水泥浆，但这并未能解决问题，反而使塔身进一步倾斜。意大利政府从 1973 年起，禁止人们在以斜塔为中心，半径 1.5 千米的范围内抽取地下水，以免损坏比萨斜塔的地基。

为了避免斜塔进一步加大倾斜，从 1992 年开始，意大利暂时关闭了比萨斜塔，开展了挽救工程。科学家们监测比萨斜塔的每一细微反应，工作人员精心测量挖出的土方，最终得出的结论：地下水位的季节性涨落是使倾斜永远存在的动因。地震和恶劣的天气也会给塔基带来灾难性的影响，1980 年的一次大地震又使斜塔遭受到了强大的冲击，整个塔身大幅度摇晃达 22 分钟之久，虽然没倒，却真是岌岌可危。

▲比萨斜塔塔顶

工程师们推测，要使塔身得以加固，需在地下安置一个巨大的横断层，以控制地下水的流动，这样就会防止塔身再度移动。但比萨斜塔重修工程充满了挑战性。有一年冬天，因为气温急剧下降，仅在一天之内比萨斜塔就向南倾斜了一毫米多。

但比萨斜塔的修复工程还是如期开工，4 个月的挖土工作使塔身校正了 3.3 厘米。到 2001 年，经过专家们及社会各界的共同努力，挽救工作已基本完成。

斜而不倒的建筑奇迹

比萨斜塔平面为圆形，直径 16 米，外径约为 15.4 米，内径约为 7.3 米。塔身一共有 8 层，塔高 54.5 米，塔体总重量达 1.42 万吨，通体用白色大理石砌成，从下至上，共有 213 个由圆柱构成的拱形券门。

比萨斜塔的最下层是实墙，塔身墙壁底部厚约 4 米，顶部厚约 2 米，底层有圆柱 15 根，刻绘着精美的浮雕。最上一层的圆柱为 12 根。中间 6 层每层分别有 31 根圆柱，用连续券做面罩式装饰。斜塔造型轻盈秀巧，布局严谨合理，各部分比例协调，是罗马风格建筑的典范。

游客可以在塔中任何一层的围廊上停留。由比萨斜塔向外眺望，只见蓝天白云下，比萨城城中一片片鲜红的屋顶，在绿树掩映中显得格外明快美丽。

比萨斜塔如同一件精美的艺术品，立面呈现着丰富的明暗变化，富有韵律感，是意大利独一无二的圆塔。

比萨大教堂的大钟也置于斜塔顶层。斜塔里面一共放置了 7 座大钟。最大的钟是 1655 年铸成，重达 3.5 吨。

比萨斜塔的倾斜问题一直是建筑史上的焦点。比萨斜塔可以说是歪打正着，因失误而名扬天下，成为建筑史上的奇迹，留给后人一道美丽的景观。

但幸运的是，该塔一直巍然屹立，这种“斜而不倒”的现象，堪称世界建筑史上的奇迹。

比萨斜塔名闻天下，还有一个历史原因。1590 年，伟大的天文学家、物理学家伽利略在比萨斜塔上，做了一个著名的自由落体实验。

▲比萨斜塔夜景

伽利略质疑亚里士多德的“物体落下的速度和它的质量成正比”的观点，他就登上了比萨斜塔的顶层，让手中两个质量不等的铁球同时从塔顶垂直自由落下，结果两个球同时着地。这一实验一举推翻了禁锢人们 2000 多年的亚里士多德的“不同质量的物体，落地的速度也不同”的定律，轰动了全世界，引起了物理学界的一场革命。

皇帝狩猎修建枫丹白露宫

枫丹白露，可以说是法国古典主义建筑的杰作之一，各个时期的建筑风格都在这里留下了痕迹。枫丹白露从建筑艺术上看，虽然比不上凡尔赛的宏伟、罗浮宫的广袤，但淡雅大方，给人以静谧温馨的感觉。那细木护壁、石膏浮雕和壁画相结合的装饰艺术，形成了枫丹白露的独特风格。在这座西方艺术之宫里还有一座拿破仑三世的皇后欧也妮创办的中国馆，其中一部分展品是英法联军在圆明园掠夺的清宫珍宝。

枫丹白露宫是艺术的结晶

枫丹白露，一个富有诗意的名字，法文的原意就是“美泉”。这是巴黎东南60千米一处清凌凌、凉幽幽、沁人心肺的泉水。从建筑艺术上看，枫丹白露可以说是法国古典建筑的杰作之一。各个时期的建筑风格都在这里留下了痕迹，历代帝王多次进行翻修、扩建、装饰和修缮，使之成为一座美丽幽静的皇家行宫。早在12世纪初，法皇路易六世就在这里盖起一座狩猎时休息的馆舍。历代帝王中，弗朗斯瓦一世和亨利四世两位帝王对枫丹白露宫建树最多。拿破仑特别喜欢枫丹白露宫，称它为“世纪之宫”。

▲枫丹白露宫外景

弗朗斯瓦一世在意大利征战时，为文艺复兴艺术所倾倒，请来一批艺术家和能工巧匠装饰枫丹白露宫。其中以意大利画家罗索和普利马蒂乔为首的艺术家们形成了枫丹白露

古典建筑

古希腊是西方文化的摇篮，同样是西方建筑的开拓者。古希腊建筑精髓之处在于古典柱式，多利克、爱奥尼、科林斯柱式为西方古典柱式奠定了基础，希腊和罗马人是同属印欧种族，深深地影响了西方两千年的建筑发展。古典建筑，就是运用“纯正”的古希腊罗马建筑和意大利文艺复兴建筑样式和古典柱式的建筑。18世纪末到19世纪上半期，法国建筑连同绘画一起被称作新古典主义艺术，这个时期并没有形成新的建筑样式，只是古代建筑交替、花样翻新而已，也有人称之为“浪漫的古典主义时期”。

▲枫丹白露宫内景

画派，这个画派实际上是法意两国艺术水乳交融的结晶。

17 世纪初，亨利四世再次扩建枫丹白露，艺术家们又从荷兰与佛兰德斯的浪漫主义美术中吸取经验，形成第二期枫丹白露画派。

细木护壁、石膏浮雕和壁画相结合的装饰艺术，形成了枫丹白露的独特风格。宫中还有一座舞厅，也十分气派，身临此地，似乎还能听到宽松的长裙随舞步沙沙作响，绸缎舞鞋在细木地板上轻盈踏步。音乐声飘出窗外，和夜间树林的声音混成一组清幽的乐曲。围绕着“美泉”的是一大片茂密的森林，生长着无数的橡树、桦树和银松，使得豪华中又有一种清新之感。

著名的弗朗斯瓦一世廊殿，护壁和天花板主色调是金黄色。它的下半部贴着一圈 2 米高的金黄色细木雕刻作为护壁，十余根粗壮的方墩柱也成了装饰品。不仅有许多浮雕，而且每根柱子上都嵌进了好几幅油画。上半部以明快的仿大理石人物浮雕烘托着一幅幅带有文艺复兴风格的精美壁画，显得既辉煌又典雅。

白马庭院与别离庭院

拿破仑特别喜欢枫丹白露宫，称它为“世纪之宫”。枫丹白露宫内与拿破仑有关的古迹很多。

进入枫丹白露宫镶着金色图案的铁栅栏大门，是一个广阔的方形庭院，庭院被称为“白马庭院”，又被称为“别离庭院”。一院两名，是因为两则与拿破仑有关的故事。

▲白马庭院

这个庭院也记录了一代天骄拿破仑的兴衰荣辱。

之所以叫“白马庭院”，是因为拿破仑迎接皇后约瑟芬入宫时，这个庭院里御林军出动了白马队列阵欢迎，场面十分壮观。白马庭院内，铺着四大块绿毯的草坪，三面被蓝顶白墙的建筑物围住。正面宫前一座马蹄形状的楼梯台已成为枫丹白露宫的标准主席台，它直通二楼正门。

后来拿破仑兵败退位，也是在“白马庭院”和列队的部下官兵挥泪告别，所以此院又叫“别离庭院”。

拿破仑住在这个庭院时，把原来的国王大卧室改为御座厅。在小卧室内，却摆着一张行军床似的普通床铺，以便拿破仑作战回来小住几天。厅内整个墙壁和天花板用红、黄、绿三种色调的金叶粉饰，一盏镀金水晶大吊灯晶莹夺目，地板用萨伏纳里毛毯覆盖，其装饰可谓集数百年之大成，显示出富丽豪华的皇家气派。

枫丹白露宫虽然比不上凡尔赛的宏伟、罗浮宫的广袤，但却淡雅大方，给人以静谧温馨的感觉。历代留下的五座庭院、四处花园，配以小湖深林，更适宜君王休息。

拿破仑三世的皇后欧也妮在这座西方艺术之宫里创办了一座中国馆，其中一部分展品是英法联军在圆明园掠夺的清宫珍宝。这是中国人心中永远的痛！

宫后深处，是狄安娜花园。这里有一片小湖，叫鲤鱼塘。湖中建了一座淡黄色的八角亭。这里草地当中有一个喷水池，池中几条石雕狗蹲在那儿，好像在保卫上面的狩猎女神狄安娜。据说，当年拿破仑游园之余，常在这里小憩进膳。宫殿的另一侧，有个玉泉院，也是拿破仑常去的地方。

▲中国馆

巴黎圣母院建造了200年

巴黎圣母院被誉为“中世纪建筑中最完美的花”。巴黎圣母院是巴黎最古老、最高大的天主教堂，自它落成之日起，即成为全法国宗教建筑的标杆，并且对于整个欧洲产生了极大的影响。屹立在巴黎的发祥地塞纳河西岱岛中心的巴黎圣母院堪称是古老巴黎的象征。它那宽敞明朗的内部，高高耸立的尖塔，营造出的雄伟与神秘，使中世纪的人们大为震惊。巴黎圣母院虽然是一幢宗教建筑，但它闪烁着法兰西的智慧之光。

建造了200多年

巴黎圣母院矗立在塞纳河畔，是古老巴黎的象征，位于巴黎城的中心。1160年，当时的巴黎主教苏利决定在这个地方建造一座可以和公元4世纪著名的圣特埃努大教堂相媲美的宏伟教堂。这个院址是蕴含着丰富历史的。公元6世纪时曾建了一座长方形教堂，教堂有12块基石取自原先罗马神殿的遗址。到了12世纪，该教堂已经毁损不堪。教皇亚历山大三世在1163年亲自奠基，启动了这座法国哥特式建筑代表作的建筑工程。

▲塞纳河畔的巴黎圣母院

整个工程从开工到完成总共花费了将近200年的时间。最先建造完成的是教堂后面的祭坛，其次完成圣母院正殿和走廊，之后完成南塔、北塔以及圣母院西侧正面。在建造这座迄今有800多年历史的大教堂的过程中，为了往工地上运送建材，还专门修了一条街——圣母新街。大教堂花费了50年的时间，不停地变换着约翰·德歇尔、皮埃尔·德蒙特尔热、莫尔·德歇尔等设计师，竟然也还没有完工。等礼拜堂和甬道等设施完全竣工的时候，已经到了1345年了。在这期间，建筑师用自己的才智和浪漫，终于成就了这“石头的交响乐”。

哥特式教堂延续了11世纪的仿罗马式教堂，它的十字形平面，高耸的中殿、翼殿和高塔，都非常有特色。巴黎圣母院代表了中世纪人类的成就，其尖拱和肋拱结构上的潜力与多样化，使早期哥特式建筑的成就超越了先前所有的建筑。

巴黎圣母院诗班席中高达33米的拱心石，高度超越以往任何一座哥特式建筑。可以看出，对建筑高度突破的不断尝试，促成了巴黎圣母院结构方式的重大发展。当中殿开始进行营建时，又将拱顶的高度增加了2米。但是，为支撑侧边廊道而使用扶壁的方法，很快地暴露出结构上的弱点。但是，石匠们只利用了一些基本的草图和模型做辅助，使用了飞扶壁的补救办法，就能严密地督导建造大教堂的结构工程，后来便成为哥特式建筑设计上的特色。

哥特式建筑

“哥特式”为形容词，有“朴野不文”之意，但哥特式教堂决不能说是“朴野”的。哥特式教堂是流行于12～14世纪欧洲各国的一种新的建筑艺术模式。它是“罗马式”艺术的更高发展，是中世纪天主教神学观念在艺术上的一种反映。哥特风格的建筑的特征是：门窗向上突出、高耸云天细长的尖塔、刻有想象的怪物，其局部装饰均富有强大的表现力。

巴黎圣母院的建筑，体现了石匠们得以延续并代代相传的建筑秘诀，大部分利用简单的数学比例为基础的直觉式计算方法，再参考早期结构的实例。这些令人尊敬的石匠们所表现出来的创造力是基于工程的特殊需求和要建造更旷达、更明亮建筑的梦想。

巴黎圣母院宽敞明朗的内部，高高耸立的尖塔，营造出的雄伟与神秘，使中世纪的人们大为震惊。而具有浪漫主义特色的建筑师们，还采用了与过去教堂不同的彩色玻璃大窗户。

▲巴黎圣母院全景

凝固了的交响乐

巴黎圣母院风格独特、棱角分明、结构严谨，看上去十分雄伟庄严，被誉为“中世纪建筑中最完美的花”，它虽然是一幢宗教建筑，但它闪烁着法兰西的智慧之光。自巴黎圣母院完工之后，屡经风霜，目前见到的已经几度重修了。

巴黎圣母院所有屋顶、塔楼、扶壁等的上部都采用了轻巧的龙骨结构，用尖塔作装饰，使整个拱顶升高，从而显得空间更大。

▲巴黎圣母院近景

巴黎圣母院壁柱纵向分隔为三大块；三条装饰带又将其横向划分为三部分；最下面一条壁龛，被称为“国王长廊”，上面陈列着以色列和犹太国历代国王的28尊雕塑。

在“国王长廊”上面一层的中央，是一扇巨型花瓣格子圆窗，纤秀而优雅，有如灿烂的抽纱花边，显出一种妩媚的风姿，这就是有名的“玫瑰玻璃窗”。“国王长廊”底层并排有三个桃形门拱，绕门拱的弧形由几个长串浮雕组成。这一层的中央供奉着圣母圣婴，两边侧立的则是亚当和夏娃的塑像，旁边还有天使的塑像。

最上面单薄的梅花拱廊把两侧伟岸的黑色塔楼和用一排细小的雕花圆柱支撑着一层笨重的平台，连成一个和谐的宏大整体。

关于“国王长廊”和“玫瑰玻璃窗”还有两段故事。

1793年，大革命中的巴黎人民将“国王长廊”误认作他们痛恨的法国国王的形象而将它们捣毁，后来幸好雕像又重新被复原并放回原位。

“玫瑰玻璃窗”直径约10米，建于1220～1225年。第二次世界大战期间，善良的巴黎市民为了避免纳粹的破坏和掠夺，将“玫瑰玻璃窗”拆下来藏了起来，“玫瑰玻璃窗”这才被完好保存至今。

而不为人知的是，巴黎圣母院一座塔楼还悬挂着据说是加西莫多曾经敲打过的重达13吨的“玛丽”大钟。还有许多石雕怪物，若隐若现，呈现在教堂顶端各个角落，十分奇妙。巴黎圣母院的每块石头，不但是法兰西民族历史留下的沉淀，更是人类社会文明升华的结晶。

巴黎圣母院如同一首凝固了的交响乐，对称、雄浑、波澜壮阔，既千变万化，又永恒如一。它是纵与横、实与虚的完美的结合，是和谐、典雅和匀称的绝妙体现。

巴黎圣母院一改以往和同时期教堂建筑那种拱壁厚重、空间狭小、屋顶低矮的弊端，呈现出一派肃穆安详的气氛，由此开创了欧洲建筑史上的一代新风。

长方形大教堂

▲巴黎圣母院内景

从圣母院正门入内是长方形大教堂，大教堂长130米，宽50米，高35米。堂内正殿高于两旁附属结构，堂前祭坛中央供着天使与圣女围绕着殉难后的耶稣的大理石浮雕《最后的审判》，堂内大厅可容纳9000人同时做礼拜，其中1500人可坐在讲台上。回廊、墙壁、门窗布满雕塑和绘画，内容均取材于《圣经》。

屋脊处兀立着一座高达90余米的尖塔，顶端是一个细长的十字架，远望似与天际相连。当一束束阳光穿透鲜艳的彩色玻璃，射向大厅的每个角落时，五彩斑斓的光线使整个厅更显庄严华丽、虚幻缥缈。

教堂内部有非常著名的大管风琴，共有6000根音管，使用起来音色浑厚响亮，特别适合演奏圣歌和悲壮的乐曲。因为除了彩色玻璃外，教堂内几乎没有什么特别的装饰，大管风琴就显得格外重要，它曾经见证过宣读1945年第二次世界大战胜利的赞美诗这样历史上重大的事件，还有1970年法国总统戴高乐将军简朴的葬礼等。

▲巴黎圣母院的巨钟

记录着巴黎的历史

在文学巨著《巴黎圣母院》中，发生在巴黎圣母院中哀婉凄绝，令人喟然长叹的故事，为雨果带来络绎不绝的仰慕；阴险而残暴的主教克洛德，能歌善舞的吉卜赛女孩艾斯美腊达，丑陋而善良的敲钟人加西莫多……也引起了人们对当时已摇摇欲坠的巴黎圣母院的重视。

当然，悲剧并不曾发生在巴黎圣母院，这曲折的情节不过是维克多·雨果富有浪漫主义的艺术构想，但因为人们对巴黎圣母院的关注，政府不得不拨款对其进行整修和内部的重新装修。

▲《拿破仑加冕式》油画

18世纪，巴黎圣母院在反基督教的自由思想时期，受到了“理性时代”人们的攻击，1789年大革命期间，巴黎圣母院遭受了其历史上最严重的亵渎。内部建筑、彩色玻璃、雕刻等都被一一破坏，只有内院门上的圣母像幸存，就连教堂正面墙上的雕塑也被打碎，大门口的雕塑也被推翻。

在这之后，对巴黎圣母院又开始了整修。这次整修工程是由当时法国著名的建筑师维优雷·勒·杜克主持的。到整个修复工程的完工，已经是19世纪中期了。因为人们已熔化掉了教堂里所有的钟，只剩下加西莫多敲的那口巨钟了，所以，此次重建称不上是完全彻底的复原工程，而是将各个时代的痕迹拼凑起来以寻求历史的重现。

不得不说巴黎圣母院无疑是古老巴黎的象征，就像埃菲尔铁塔是现代巴黎的标志一样。历史带给这座大教堂巨大的辉煌，几百年来，它一直是法国宗教、政治和民众生活中重大事件和典礼仪式的场所。亨利六世的加冕仪式，为此处增辉生彩，美男子菲利普在此地召开的对巴黎社会影响深远的三级会议，太阳王路易十四在此地举办的盛况空前的加冕大典，亨利六世的加冕仪式，罗马教皇为法兰西民族英雄贞德举行的昭雪仪式也在此举行。1804年12月2日，拿破仑在此加冕，仪式由七世教皇主持。

1802年，拿破仑曾对被破坏的巴黎圣母院重新修复过，并赋予巴黎圣母院宗教之职。路易·大卫的《拿破仑加冕式》是现存放于罗浮宫博物馆里最大的一幅油画，这幅画就记录了这件影响法国历史的重要事件。油画让人们可以看到，大教堂内部的破败不堪。

沧桑的面目和肃然的神态，这使历史成就了一座有血有肉有灵魂的巴黎圣母院，现在，巴黎圣母院依然为世人传续着巴黎的历史。巴黎圣母院经过多少年的风风雨雨，看起来依然是充满强烈的生命感，那些灰色房顶之间点缀着的青铜塑像，使得人们甚至能够触摸得到那些曾经发生过的历史事件。

沙特尔大教堂雕刻戏剧

沙特尔大教堂，又称为“神秘教堂”，它100多个玻璃窗和彩绘人物组成了绚丽多彩的世界，幻化出飞升于天国的神秘境界，再现了基督布道场景。沙特尔大教堂与被称为“石刻的戏剧”的雕刻群像组成了和谐美妙的整体，以其宏伟壮观的建筑，成就了美学和科学上都堪称史无前例的壮举。沙特尔大教堂是“中世纪最杰出的建筑艺术之一”。

修建历程

位于法国沙特尔城的沙特尔大教堂，坐落在一个山丘上，是法国哥特式建筑的代表作之一。当时，沙特尔城是欧洲西部宗教活动兴盛的地区。大教堂始建于9世纪。最初建造的是一个地下小教堂，11世纪时又增建了更大的地下教堂。据说里面曾藏有圣母玛利亚穿过的衣服。

▲沙特尔大教堂全景

> **沙特尔**
>
> 沙特尔位于法兰西岛大区和中央大区交界的厄尔·卢瓦尔省，在巴黎西南71千米，在厄尔河左岸，博斯的中部。沙特尔城人口只有几万，大教堂坐落在一个山丘之上，该城以大教堂闻名于世。沙特尔大教堂是法国九大名教堂之一，被联合国教科文组织定为世界文化遗产。大教堂之下的沙特尔这座静静的小城，像一座水上花园。

如今的沙特尔教堂规模很大，教堂旁有两座高耸的塔楼，看起来有一种不平衡的美感，因为这两座塔楼左边为哥特式，右边为罗马式。这也体现了沙特尔教堂融合了12世纪的罗马风格及中世纪的哥特式风格。

沙特尔大教堂有一部分原本属于罗马式建筑，建于公元1145年，于1194年毁于火灾，后来重建，建筑风格转向哥特式风格，但旧有的罗马式钟楼也被保存了下来，改建后的哥特式塔楼与罗马式钟楼左右相望，饶有趣味。

沙特尔教堂遭受过很多突如其来的灾难。16世纪时，北面的教堂遭雷击后被当

▲沙特尔大教堂内景

时的人们修复。公元1836年，金属屋顶代替了第三次大火毁掉的教堂木制屋顶。可以说，沙特尔教堂是这一时期最大的哥特式建筑之一。

建筑特点

大堂有3个圣殿，中殿是大教堂中最宽的殿，它长130米，正面宽16.4米，高32米。其他两个大殿分别与两座大门相通，象征耶稣不同时期的活动与生活。中门即“主门”，两侧圆柱上的浮雕人像是《圣经》故事中的君王和王后。“主门”因其门楣上的浮雕表现基督是万王之主而得名。南侧大门旁的雕像表现的是基督的一生，大堂侧大门旁的雕像是圣母和《旧约》人物。大堂西部正门为一组三扇深凹进去的尖拱大门，门的两侧有19尊圆柱雕像。

中殿两侧各有一座互不对称的尖塔钟楼，其独特的结构最引人注目。北侧钟楼初建于12世纪，其风格轻巧华美，但当时没有建尖塔，人们在16世纪初增建了一个火焰式镂空尖塔，塔顶高111米。南侧钟楼建于1145年到1170年，塔顶高106米，其风格庄重务实，为早期法国哥特式的八角形建筑。

沙特尔大教堂的雕刻群像是法国哥特式雕刻艺术的典型作品，其特点是形体修长、姿态拘谨。三扇大门的祭台与中殿之间有一个漂亮的祭廊，上面刻有描绘耶稣及玛利亚生平的浮雕。这些雕像头部前倾后仰、左顾右盼，这是用来表现人物的神态和动作的。还有无数较小雕像遍布大堂各处。

大堂内170幅彩色玻璃窗画，被公认是13世纪玻璃窗画艺术中最完美的典型，这些玻璃窗画包括了近4000个拜占庭风格的人像，均以《圣经》故事为题材，形象鲜明突出，宗教气氛浓厚。在两次世界大战期间，彩色玻璃窗因为被卸下来妥善保管，从而避免了毁于战火的危险。

▲沙特尔大教堂彩色玻璃

和谐的整体

沙特尔大教堂，又称为“神秘教堂”，因它那100多个玻璃窗和彩绘人物组成了绚丽多彩的世界，幻化出飞升于天国的神秘境界，再现了基督布道场景而得名。1600年以来，大教堂一直是个主要的朝圣中心和祭祀圣母玛利亚的圣地。沙特尔大教堂与被称为“石刻的戏剧”的雕刻群像组成了和谐美妙的整体，其宏伟壮观的建筑，集雕刻和玻璃艺术精华于一体，在美学和科学上都是史无前例的壮举。人们称沙特尔大教堂是“中世纪最杰出的建筑艺术之一”。

走近沙特尔教堂，人们会被奔放的拱垛、细腻的雕刻、精美的绘画所震撼。从远处看，沙特尔大教堂的两个大小不等的尖塔格外醒目。

沙特尔教堂与兰斯主教堂、亚眠主教堂和博韦主教堂一起成为法国著名的四大哥特式教堂。“沙特尔风格”是哥特式的一种，曾被迅速传至欧洲各地，成为后来许多著名教堂的样本。哥特式大教堂是一项独特的创造，它最能体现天主教的宗教意识。

法国是哥特式建筑艺术的故乡，沙特尔大教堂是哥特式建筑的代表。

亚眠大教堂再现活生生的圣经

亚眠大教堂是法国最美的教堂之一，也是法国最大的教堂，人们无一不为这座教堂的宏伟和雕刻群的瑰丽气势所折服。这里有多达 4000 多件精美的雕刻物品，木雕石刻生动地再现了圣经中的几百个故事，被称“亚眠圣经”。对于中世纪那些教徒来说，他们多不识字，“亚眠圣经”对于他们来说，就是一套活生生的圣经。从现代的角度来看，亚眠大教堂更是一座艺术的殿堂，是哥特式建筑顶峰时期的大教堂。

修建的历史

亚眠是一座历史悠久的城市，兴建于 1117 年。当时亚眠的商业、手工业等都十分发达。

亚眠大教堂就位于亚眠市内，为法国著名的四大哥特式教堂之一。亚眠大教堂始建于 1152 年，在 1220 年，亚眠大教堂遭受雷击而摧毁，当时的埃费阿·德·富依洛瓦主教将亚眠大教堂重建。重建过程很快，不长的时间里，大教堂正面、主教堂、中央广场、唱诗席、十字回廊、南塔、北塔，以及唱诗席南北侧木雕修复工程就相继完工。

▲亚眠大教堂外景

结构与特点

亚眠大教堂外观为尖形的哥特式结构。教堂共分三层，巨大的连拱占据了绝大部分空间。墙壁被每扇 12 米高的彩色玻璃覆盖，体现了建筑发展的新观念。

正面拱门上方拱廊内的每个小拱中饰有六柄刺刀，气势宏大，瑰丽夺目。这六柄刺刀中三柄为一束，共两束立于三叶拱下。

拱门与拱廊之间用花叶纹装饰，支撑部分是四根细柱和一根圆柱组成的

路易十四

路易十四（1638 ~ 1715 年），本名路易·迪厄多内·波旁，是法国波旁王朝著名的国王，在位 70 多年。他以雄才大略，文治武功著称，是法国史上最伟大、也是世界史上执政最长久的君主之一，时人尊称他为“太阳王”，他的执政使法兰西王国成为当时欧洲最强大的国家，使法语成为整整两个世纪内、整个欧洲外交和上流社会的通用语言。

圆形柱。拱廊背面墙壁两侧开有两个玻璃窗，教堂还建有由四个连拱构成的唱诗台，与殿堂分居在十字厅两侧，形成结构上轻松、和谐的格调，突出了完美的平衡。

远远看去，可以清楚地看到那支撑中央顶盖的一个个独立飞券，落脚在外侧一片片横向的墙垛上。从侧面看，就像桥梁的一排排钢架。之所以这样设计，是出于结构上的考虑，这分散了侧廊拱顶承受的中央顶盖重量，能突出中央顶部的侧高窗，侧廊高度也可以降低。后来这种设计逐渐演变成哥特式教堂外部审美上的一种特色。

亚眠大教堂中央顶高 42.3 米，占地面积达 20 万平方米左右，平面基本呈拉丁十字形，建造时的工程浩大可想而知。

▲亚眠大教堂内景

亚眠的圣经

教堂内部的明显特征是业已完善的哥特式的设计风格，例如唱诗班中的教堂拱门上的三拱式拱廊。较高的上半部分，因为天窗的存在而使其色彩显得比较辉煌明亮，其下部由杂草来修饰，因此教堂内部看上去仿佛可以分为上下两层。最初，中央广场的三拱式拱廊也杂草丛生，但后来因为广场的高度需要再提高三米，最终就建造了围墙。

亚眠大教堂是法国最美的教堂之一，也是法国最大的教堂，人们无一不为这座教堂的宏伟和雕刻群的瑰丽气势而惊叹折服。这里有多达 4000 多件精美的雕刻物品，这些木雕石刻生动地再现了圣经中的几百个故事，被称“亚眠圣经”。在当时，对于中世纪那些教徒来说，他们多不识字，“亚眠圣经”对他们来说，就是一套真正的活生生的圣经。从现代意识的角度来看，亚眠大教堂更是一座艺术的殿堂，是哥特式建筑顶峰时期建造的大教堂之一，因此它被列入世界文化遗产名录，是毫无争议的。

▲亚眠大教堂的雕刻

科隆大教堂漫长的修建史

科隆大教堂是德国最大的教堂，也是科隆城的标志性建筑。人们常说建筑是凝固的音乐，音乐是流动的建筑。科隆大教堂从奠基之始直到形成今日之规模，蕴涵着强烈的德意志民族精神。它依傍着莱茵河的波光艳影，如同一首撼人心魄、恢宏壮阔的交响诗，它巍峨雄壮，冷峻高耸，是中世纪欧洲哥特式建筑艺术的代表作。

漫长的修建历史

科隆大教堂是仿照法国亚眠大教堂建造的，屹立在莱茵河畔的一座山丘上，南北宽 83.8 米，东西长 142.6 米，平面呈拉丁十字形，总面积达 8400 平方米。它有自己的特点：大教堂的长厅被分为了 5 部分，而不是通常的 3 部分，内有 10 个礼拜堂，左右侧厅宽度都与中厅相等，各为两跨间，中厅是所有大教堂中最狭窄的，宽与高的比例大概为 1:4，其中宽 12.6 米，高 46 米，这样就使其产生一种超尘出世的效果。大教堂仔细看上去，显得更加细长，向上的动势更为明显。

科隆大教堂原址是罗马时代的一座神庙，是后来改为主教堂的。当初之所以要兴建教堂，是为了保存 1164 年意大利米兰大主教送来的《圣经》中传说的三博士的遗物。当年设计教堂的图纸就有成千上万张，堆积如山，它是世界上建筑时间最长的教堂。从 1248 年动工，到 1880 年竣工，前后共跨越 7 个世纪。它的双塔是世界上最高的教堂塔，南塔高 157.31 米，北塔高 159.38 米。而且它的陈列室中呈放耶稣受难的木雕、圣器等众多圣物，是欧洲教堂中收藏圣物最多的教堂。

在当时，所有德国人的共同愿望，就是在德国最大的城市里建造一座世界第一的大教堂。于是科隆地区主教康拉德在公元 1248 年 8 月 15 日，为大教堂动工举行了奠

▲科隆大教堂的双塔

科隆

科隆仅次于柏林、汉堡和慕尼黑，位于莱茵河畔。科隆市是德国的第四大城市。公元 795 年，查理大帝定科隆为大主教驻地。所以说，中世纪是科隆的一个盛世。科隆的兴盛得益于它地处南北水路和东西大道的要冲，又是朝圣要道。后来，城池经几度扩建。半圆形的城垣总长 6 千米，开有 12 座城门，现存 3 座。到 12 世纪时，科隆内城的规模就已经奠定。那时科隆人口甚至超过当时的巴黎和伦敦，有居民 4 万人，是德意志首屈一指的大城。如今的科隆是德国西部莱茵河畔名城和著名的重工业城市。

基仪式。这双顶教堂高达44米，且直上直下，所有的工程人员都不具备现代几何学和力学知识，又要保证底座地基的稳固，又要体现哥特式建筑所独具的垂直线性的效果。所以人们克服着各种艰难险阻，他们先建好直耸高拔的柱子，再用木制起重机，使之升到几十米的高空，最后安装完成。这是人们靠着对上帝的坚定信念去完成这“不可能的任务”的。

▲科隆大教堂外景

设计师们边试验边建造，对于每一个细节部分，都精雕细琢、反复研究。木匠、泥瓦匠、石匠、搬运工希望能造一座人间天堂以请求上帝的赐福，他们不辞辛苦地忘我劳作，但在1322年，科隆大教堂的工程未完工却停止了。主教后来主持了唱诗堂封顶仪式。15世纪初，人们有在原教堂的南面并排修一座南堂，但这个建筑只盖了58米高就倒塌了。

普鲁士帝国在19世纪60年代财力十分雄厚，德国人为了表现自己的强国地位，又重提科隆大教堂未尽的工程，于是从1864年起，科隆市便开始发行彩票以筹集资金，决定在原来基础上再建一座世界上最高的教堂，1880，这项工程终于完成。科隆教堂今日形成的由两座高塔为主门，内部十字心为主体的建筑群，就是这时候建成的。

典型的哥特式建筑风格

科隆大教堂是典型的哥特式建筑风格，共由16万吨石头堆积而成，在高大、明亮、涂金的柱子之间，有一块块镶满彩色玻璃的大窗户，它除了门窗外几乎没有墙壁。整个建筑高耸、轻盈、富丽、灿烂，辉煌而神秘，令人有恍入天堂圣境之感，如同一件精美绝伦的工艺品，充满了雕刻与绘画的装饰。它从奠基之始直到形成今日之规

▲科隆大教堂内景

模，期间的修建历史，蕴涵着强烈的德意志民族精神。

科隆大教堂表现出卓越的空间结构想象力，充分体现出建筑师对哥特精神的理解，富有创造性地揭示出哥特式建筑的本质。无论是尖端收尾的拱顶，高高细长的侧窗，还是中厅两侧拔地而起的成束的细柱，都没有任何横断的柱头及线脚来打断，都是笔挺的直线。整个教堂的一切造型部位和装饰都以尖拱、尖券、尖顶为要素，教堂外部通通由垂直的线条所统贯。整个建筑越往上越是细巧，越是玲珑。所有的塔、扶壁和墙垣上端也都冠以直刺苍穹的尖顶。所有的拱券、门洞上的山花、凹龛上的华盖、扶壁上的脊饰都是尖尖的。建筑物所有的细节都显得明快流畅，纤巧空灵。

大教堂十分高大，在科隆市区以外就遥遥可见。大教堂的西端直立的一对塔楼，是科隆大教堂最突出的形象标志，它们高耸入云，宛如两把利剑直插蓝天，十分壮观。两塔的塔尖各有一尊紫铜铸成的圣母像，构图优美，形象生动。在教堂四周还林立着无数座小尖塔。教堂东端的后圆殿仿造的是法国亚眠教堂的形制。科隆大教堂的钟楼在两座尖塔上面，里面有 5 座大钟，最著名的是“圣彼得钟”，它直径为 3.1 米、重达 24 吨。在全世界的教堂中，“圣彼得钟”属于“巨无霸”级的。每当洪钟齐鸣，洪亮深沉的钟声就此起彼伏，气势磅礴，久久地回荡在科隆的天空中。

大教堂内部的构造

大教堂中央是一个大礼拜堂。堂内陈列着一件件巧夺天工、异彩纷呈的历史文物，包括各种金工、石工、木工制成的宝物。其中三王龛是宝中之宝，“三王龛”的名称源自《圣经》中的耶稣故事，是由黄金、宝石和珍稀饰品组合而成的。传说有三个来自东方的博士，在耶稣降生时，前来向众人显示上帝之子——神圣的基督的光辉形象。三博士的遗物——黄金棺、乳香和没药，是 1164 年专门从意大利米兰送来的，如今它们都用中世纪的一件金饰艺术品——金神龛装着。这金神龛在主教堂前面高高的祭坛上陈放，是教堂中的一件著名的圣物。

教堂的珍宝陈列室的收藏在整个欧洲都数一数二，这里陈列着各个世纪留下来的法衣及用具，具有极高的艺术价值。科隆大教堂还有许多关于“三圣节”故事的彩色玻璃。

▲科隆大教堂内部结构

这里还有一件著名的艺术品，就是 15 世纪早期科隆画坛的著名画家斯蒂芬·洛赫纳的杰作，这是一幅巨大的宗教画，挂在唱诗班长廊中。

大教堂里面有着中世纪德国最大的圣坛，圣坛两侧排列着 104 个供信徒就坐的木制席位，其旁是放射性的走廊。圣坛上耸立着一个据说是欧洲大型雕塑中最古老、最著名的巨大的十字架。木制席位经过千年的使用，也没损坏，因为它们全部都用厚实的巨木制成，已被信徒磨得露出了发光的木纹。在教堂四壁上方镶嵌着描绘《圣经》人物的玻璃，这总面积达 1 万多平方米的窗户，在阳光反射下熠熠生辉，令人叹为观止。

科隆教堂的内部结构全部采用框架式的几近于裸露的骨架券，独具一格，由彩色玻璃墙取代了原本由大量石头堆砌的墙壁。玻璃轻灵和透明，使人能更深切感悟到浩瀚的苍穹和无涯的宇宙，人们的心灵也显得更为空灵，这体现了基督教神圣的宗教精神。科隆大教堂的装饰，与法国的哥特式教堂相比，较为疏简冷峻，但别有一番美感。

大教堂的重修

第二次世界大战期间，科隆大教堂所在的科隆，遭到盟军轰炸，次数多达 260 余次，整座城市几乎被夷为平地，科隆大教堂却奇迹般地保存下来。据说，这是因为教堂的塔身几乎是笔直的，炸弹触到塔尖，就滑了下来，落地的炸弹虽然爆炸了，但教堂的塔基能够抵御巨大的冲击，这是因为塔基都十分坚固，由两米多高的巨石垒就。更令人不可思议的是，在轰炸中，教堂从上到下，大小不一、一小片一小片的大理石拼绘出色彩斑斓的圣经的人物图画都没有破裂，完好无损。据说在二战爆发前夕，教皇安排大量人力，为不使这些教会的文化珍品遭受破坏，将它们一块一块地取了下来，藏进地下室里。战争结束后，整整花了 10 年时间，才又重新把那些一小块一小块的大理石恢复成画。也因此，这些宝贵的文化遗产才得以保存。这些大理石用料考究，做工精细，堪称无价之宝。

▲科隆大教堂夜景

战争结束后，科隆大教堂的重修工作由德国总理康拉德主持，经过修缮，科隆大教堂焕然一新。现在的科隆人对于康拉德总理的这一工作称誉有加。

人们常说建筑是凝固的音乐，音乐是流动的建筑。科隆大教堂从奠基之始直到形成今日之规模，蕴涵着强烈的德意志民族精神。它依傍着莱茵河的波光艳影，如同一首撼人心魄、恢宏壮阔的交响诗，它巍峨雄壮，冷峻高耸，是中世纪欧洲哥特式建筑艺术的经典，每年都会吸引 200 多万的游客前来参观。

文艺复兴初建佛罗伦萨大教堂

佛罗伦萨大教堂，也被称为“花之圣母大教堂”，在意大利语中意为花之都，它享有世界上最美教堂的盛誉，是世界第四大教堂，意大利第二大教堂。诗人徐志摩把佛罗伦萨译作“翡冷翠”，这个译名远远比“佛罗伦萨”来得更富诗意，佛罗伦萨大教堂也是文艺复兴建筑的报春花。

文艺复兴建筑的“报春花”

佛罗伦萨大教堂，是文艺复兴的第一个标志性建筑。它是世界第四大教堂，意大利第二大教堂。大教堂的圆顶直径达 50 米，在全世界的教堂里居第一位，“佛罗伦萨”的译名虽然很美，中国诗人徐志摩将其译作“翡冷翠”，这个译名就更富有诗意，也更有色彩，也许更符合这座文化艺术古城的气质。

▲佛罗伦萨大教堂

佛罗伦萨大教堂由大教堂、钟塔和洗礼堂三部分组成，其实是一组建筑群，它是文艺复兴时期第一座伟大建筑。位于今天佛罗伦萨市的杜阿莫广场和相邻的圣·日奥瓦妮广场上。

1295 年，佛罗伦萨大教堂由阿尔诺沃·迪卡姆比奥在原来的佛罗蒂诺大教堂的基址上兴建起来的，1296 年市民们从贵族手中夺回政权，乔凡尼·美第奇为了庆祝胜利，出资建造新的佛罗伦萨大教堂，1496 年最后完工。佛罗伦萨大教堂曾经是佛罗伦萨共和国的宗教中心。

佛罗伦萨

佛罗伦萨是意大利中部的一个城市，位于亚平宁山脉中段西麓盆地中，托斯卡纳区首府。15 ~ 16 世纪时，佛罗伦萨是欧洲最著名的艺术中心，是世界著名的文化古城和艺术天堂，以美术工艺品和纺织品驰名全欧。1865 ~ 1871 年曾为意大利王国统一后的临时首都。佛罗伦萨有着数不胜数的历史记忆，是欧洲文艺复兴运动的发祥地。至今市区仍保持古罗马时期的格局。全市有 40 多个博物馆和美术馆，大多是中世纪建筑艺术杰作，乌菲齐和皮提美术馆举世闻名。

教堂建筑的特征

▲佛罗伦萨大教堂内部结构

整个教堂装饰华丽，属于佛罗伦萨罗马式风格。教堂的右侧有高 85 米的钟楼，楼内有 370 级台阶，可登高俯瞰全城。楼内用托斯卡那白、绿、粉色花岗石贴面。教堂的边上还有一座八角形的洗礼堂，基贝尔蒂花费 21 年，在青铜大门上雕刻著名的“天堂之门”，并将《旧约全书》的故事情节分成十个画面，从左到右，从上到下，依次是夏娃和亚当离开伊甸园、挪亚喝醉酒、该隐杀死了亚伯、以萨和亚伯拉罕献祭、以扫和雅各、约瑟被贩卖为奴隶、摩西接受十戒、所罗门和示巴女王、耶利哥失败了、菲利士人参加了战争，这些浮雕分别镶嵌在铜门的框格内。现今，只有这些浮雕的复制品装饰在教堂里，其原件放在大教堂的博物馆内展出。

▲佛罗伦萨大教堂内景

教堂长达 82.3 米，由 4 个 18.3 米见方的间跨组成，本堂宽阔，平面呈拉丁十字形状，形制特殊。教堂的南、北、东三面各有一个外围包容有 5 个成放射状布置小礼拜堂的半八角形巨室。

除大教堂以外，钟塔也非常优美，钟塔分 4 层，高 88 米，13.7 米见方；洗礼堂也是很精美的建筑，它建于 1290 年，洗礼堂建筑外观端庄均衡，高约 31.4 米，以白、绿色大理石饰面。

教堂的北面和南面分别有两扇壮观的大门：南面是 14 世纪的卡诺尼奇门，北面是十五世纪的曼多尔拉门。

教堂内部长 153 米，宽 38 米，呈拉丁十字形，可同时容纳 10000 人，教堂外立面的建造非常艰难，为完成这一工程，举办了多次竞赛招标。最后建筑师埃米利奥·德法布里的方案在1871年被选中，之后得以竣工。该建筑使用的白、绿和粉红色大理石，分别来自卡拉拉、普拉托和玛雷玛。在这些大理石的装饰下，使整座建筑显得十分精美。

最引人注目的中央穹顶

在整个建筑群中，仅中央穹顶一项的工程就历时14年，它顶高106米，是最引人注目的建筑物。它由当时意大利著名的建筑师布鲁内莱斯基设计，完成于1434年。在教堂的地下，有该大圆屋顶的设计者布鲁内莱斯基之墓。

穹顶的结构分内外两层，穹顶的基部平面直径达42.2米，呈八角平面形，内部原来的设计不做任何装饰，却构造合理，受力均匀，是由8根主肋和16根间肋组成。后来瓦萨里和祖卡里（1572～1579年）在里面画了壁画。穹顶内还陈列了米开朗琪罗雕刻的圣彼德像和约200平方米的巨幅壁画《最后的审判》。

▲穹顶上的《最后的审判》壁画

教堂总高为107米，可以通过环廊登464级台阶，到达穹顶，从这里能眺望佛罗伦萨的街景。

整个穹顶，没有飞拱和小尖塔之类的东西，总体外观稳重端庄、比例和谐、水平线条明显。而穹顶的基座以上各面都带有圆窗的鼓座。

在中央穹顶的外围，在各多边形的祭坛上，为了与上面的穹顶上下呼应，还有一些半穹形。它的外墙以黑、绿、粉色条纹大理石砌成了各式格板，呈现出非常华丽的风格，上面加上精美的雕刻、马赛克和石刻花窗。

大教堂的穹顶被公认是意大利文艺复兴式建筑的开端作品，其建筑的精致程度和技术水平超过古罗马和拜占庭的任何建筑。

阿尔汗布拉宫是摩尔人的留存

“阿尔汗布拉”，是西班牙的“世界奇迹”，是摩尔人留存在西班牙所有古迹中的精华。阿尔汉布拉宫是中世纪摩尔人在西班牙建立的格拉纳达王国的王宫。从建筑历史而言，阿尔汉布拉宫是美学艺术的集大成者，可以与中国的阿房宫、铜雀台等诸多建筑相媲美。

修建历史

▲阿尔汗布拉宫

阿尔汗布拉宫建于13世纪阿赫马尔王及其继承人的统治期间，是中世纪摩尔人在西班牙建立的格拉纳达王国的王宫。1492年西班牙人驱逐摩尔人后，内部装饰多遭拆毁和破坏。拆毁的部分建筑，在查理五世统治西班牙时得到了修建，但没有原样复原，而是模仿文艺复兴风格修建了意大利式的宫殿。宫殿的部分建筑在1812年拿破仑入侵时，又一次被毁。1821年该地发生地震，建筑又遭破坏。直到1828年，人们才对阿尔汗布拉宫进行修复。

阿尔汗布拉宫是西班牙最重要，也是最美丽的建筑，它是阿拉伯风格的杰作。其主要建筑物是两座长方形宫院及其厅房。尤为知名的是狮泉庭院，该院内中央是12头白色大理石狮子簇拥的盘形喷泉水池，在各厅房，还有图案别致的石钟乳状垂饰花纹。

建筑构造

阿尔汗布拉宫坐落在格拉纳达城东的山丘上，占地约35英亩，地势险要，四周有高厚的城垣和数十座城楼。宫中主要建筑由两处宽敞的长方形宫院与相邻的厅室所组成。

桃金娘宫院，中央有大理石铺砌的大水池，四周植以桃金娘花。宫院长近50米，

桃金娘花

桃金娘是一种灌木，株形紧凑，四季常青，生长迅速，抗逆性强。株高1~2米。有花3～5朵，花瓣5片，花先白后红，同株花色变化大，红白相间，艳丽秀美，花期可达2个多月。其枝干韧性强，可以制作盆景或在庭园中丛植或片植，坐果后果色由鲜红转为酱红，具有良好的绿化美化景观的效果。

▲宫外墙的饰环

▲阿尔汗布拉宫内部结构

宽20多米，分南北两厢。走廊柱子由无数圆柱构成，这些圆柱上，全是精美无比、手工极为精细的图案。而圆柱是将珍珠、大理石等磨成粉末，然后再用人工慢慢堆砌雕琢而成的。

这里的厅，以其雕刻有星状彩色天花板和拱形窗户著称。这个厅每边长10米左右，呈正方形，四面墙壁，中间有高20多米的圆顶，为觐见室，内设苏丹御座。这些建筑墙壁上全是金银丝镶嵌而成的，是色彩艳丽的几何图案。

另一长方形宫院是狮子厅，长30多米，宽近20米，中间有模仿西妥教团净手间形式的建筑，周围环绕以124根大理石圆柱的俏巧游廊，轻灵的圆形屋顶饰有金银丝镶嵌细工的精美图案。

宫院的地面用彩砖铺砌，四周墙壁镶以1.5米高的蓝黄两色相间的上下还有靛蓝和金黄两色瓷釉饰边的彩砖，还配有白色大理石柱廊。室内布满色彩鲜艳的几何形纹饰和阿拉伯文字图案。

宫院中心的狮子泉，其造型雄劲，气势夺人，是一个雕有12头象征力量与勇武的白大理石狮子簇拥着雪花石膏的盘形水池。圆顶建

▲桃金娘官院

筑物上面布满5000多个形式各异的蜂巢状小孔，造型小而精美，这是摩尔人建筑的代表样式。厅内还摆设有摩尔人最早的瓷器产品等。

建筑风格

阿尔汗布拉宫的自然环境宁静清新，园中还有从英国移植的榆树，花园里的玫瑰、橘树和桃金娘树丛为摩尔人所遗，芬芳馥郁。在这座伊斯兰风格建筑的外围建筑物中，以建于13世纪的“营造商花园”中的别墅最为有名。这所有的墙上、柱上、天花板上都饰满了阿拉伯文和几何与草叶图案，看上去非常奢华。在密密麻麻的文字间，有诗人们留下的诗句，也有对自然的赞美。简单质朴是美，但在这里，无与伦比的奢华，精致与繁复，才是极致的美。

没有任何美能与这里在珍宝间流过的银流相比。在这水晶的世界里，所有的美都浮在它的表面。在这里，色彩与光线如此不同，又如此相似。独坐其间，也许不能了解作为历史舞台的阿尔汗布拉宫，可只要在喧闹的人群中静下心来，便能体会到这阿尔汗布拉宫的美。

在狮园，在爱神木庭院，喷泉流水和繁茂的植物与宫殿相掩相映，人们感觉到的是阿尔汗布拉宫独有的静谧。

米兰大教堂是“大理石的诗”

米兰大教堂是米兰的象征，是世界上最大的哥特式建筑，是欧洲最大的大理石建筑，有“大理石山”之称。它的整个外观极尽华美，主教堂用白色大理石砌成，美国作家马克·吐温称之为“大理石的诗”。

漫长的修建历史

1386年，米兰大教堂开始兴建，这是在米兰的第一位公爵吉安·加莱亚佐·维斯孔蒂的支持下开始的。

米兰大教堂在1500年完成拱顶，1577年完成了初步的建筑，并开始供信奉天主教人士参拜。1805年拿破仑曾在米兰大教堂举行加冕仪式，1813年虽然教堂的大部分建筑完工，但到1897年才算最后完工，历时5个世纪。而在1965年，教堂正面还有最后一座铜门被安装。

现在的米兰大教堂保持了“装饰性哥特式”的建筑风格。在教堂建成后，又陆续增建了不少附属的建筑物，直到19世纪末才最后定型，成为哥特式建筑的代表作。到了1935年又开始了大规模维修。米兰大教堂在二战中曾遭受轰炸，战后，对损毁处进行了修建，此后又更换了地板，对堂内的12根大型直柱也进行了维修。一直20世纪80年代中期，这项维修工程才完成。

▲米兰城夜景

米兰

米兰，意大利第二大城市，位于意大利的西北部，这里是意大利人口最密集、发展的程度也最高的地区。米兰是米兰省的省会和伦巴第大区的首府，也是欧洲南方的重要交通要点。全市拥有丰富的文化古迹和遗产，历史相当悠久。以观光、时尚、建筑闻名于世，拥有充满活力的夜生活与独特的料理，而传统歌剧也尤为著名。现为世界最为著名的国际大都市之一。

哥特式建筑风格

米兰大教堂是世界上最大的哥特式教堂，当初德国、法国、意大利等国建筑师都先后参与了主教堂设计，历经数个世纪才得以完工，这期间汇集了多种民族的建筑艺术风格。这座建筑的哥特式风格基调的奠定，是因为12到15世纪哥特式建筑风格在欧洲正流行，所以这种风格才得以确定。在内部装饰上，建筑还融入了巴洛克风格，这因为17世纪、18世纪巴洛克风格在欧洲的兴起。因此，米兰大教堂的建筑风格极具多样化。

▲米兰大教堂外观

教堂上半部分是哥特式的尖塔，下半部分是典型的巴洛克式风格，这是文艺复兴时期具有代表性的建筑物，从上而下满饰雕塑，极尽繁复精美。

米兰大教堂整个教堂本身可以说是一个艺术品，在装饰及设计方面，极富艺术色彩。哥特式建筑的特点之一是雕刻和尖塔，教堂把这个特点淋漓尽致地表现了出来。外部的扶壁、塔、墙面都是垂直向上划分的，整个外形充满着向天空升腾之感，这些都是哥特式建筑的典型外部特征。米兰大教堂保持了“装饰性哥特式”的风格，虽经多位建筑师之手，但这一风格始终不变。教堂内外墙等处均点缀着圣人、圣女雕像，共有6000多座。教堂顶耸立着135个尖塔，每个尖塔上都有精致的人物雕刻。

华美的建筑外观

米兰大教堂整个建筑呈拉丁十字形，长度大于宽度。教堂整个外观极尽华美，是欧洲最大的大理石建筑。主教堂是用白色大理石砌成，有“大理石山”之称。美国作家马克·吐温称之为“大理石的诗”。

▲米兰大教堂建筑细部

米兰大教堂也是世界上雕像最多的哥特式教堂。整个建筑外部分布着雕刻精美的窗花格，全长约1千米。另外，整座教堂共有6000多座大理石雕像，其中2245尊是外侧雕刻，雕像千姿百态，主题多为圣经故事等宗教题材。教堂外部还有怪兽形排水口96个，而每个转角处的怪兽都不尽相同。

教堂正面被6个巨大方柱分隔出五扇铜门，每座铜门上分有许多方格，每个方格内都雕刻着教堂历史、神话与《圣经》故事。左边第一个铜门表现的是君士坦丁皇帝的法令；第二个铜门讲述的是圣·安布罗吉奥的生平；第三个最大的铜门位于正中，描绘的是圣母玛丽亚的一生；第四个铜门讲的是从德国皇帝菲德烈二世灭亡到莱尼亚诺战役期间米兰的历史；第五个铜门表现的是从圣·卡罗·波罗梅奥时代以来大教堂的历史。

特别引人注目的地方是教堂的顶层，这里纵横交错着33座石桥，连接着堂顶各个部分。教堂有6座石梯和两个电梯通往屋顶，登上堂顶可鸟瞰全市风光，甚至还可以看到远处的阿尔卑斯山脉风光。

教堂顶部建有135座哥特式大理石尖塔，50个水道，410个大理石支架，每一塔顶立有塑像，均装饰有浮雕。英国小说家劳伦斯称大教堂“活像一只刺猬”。尖塔之林直立挺拔，给人以飞腾升华、超脱尘世之感。中央塔建于15世纪，由意大利建筑巨匠伯鲁诺列斯基建造，这里尖塔中最高的，高108米，也是教堂的最高点。

中央塔上的圣母玛利亚雕像高4.2米，为镀金铜像，圣母身裹3900多片、重700多千克的金叶片，在阳光下光辉夺目，这代表了所有米兰人的共同标记。“圣母诞生大教堂”，这便是大教堂最初的名称。

精致的内部构造

米兰大教堂的大厅长约130米，宽约59米，有着显著的哥特式建筑风格的特点。大厅两侧支柱的间距不大，形成自入口导向祭坛的强烈动势。中厅顶部最高处距地面45米，这个高度很高。宏伟的大厅圣坛周围支撑中央塔楼的四根柱子，大厅也被四排柱子分开，每根直径达到10米，高40米，由大块花岗岩砌叠而成。12根较小圆柱，柱子加上柱头总高约26米。这些柱子，柱与柱之间有金属杆件拉结，共同支撑着重达1.4万吨重的拱形屋顶，形成5道走廊。两侧束柱柱头弱化消退，尖尖的拱券在拱顶相交，形成很强的向上升腾的动势。

▲米兰大教堂内部构造

教堂的地下有砖砌的空间，深度为4至8米，在这儿，可以看见是大教堂基础的圣特库拉教堂的遗址。教堂内部由白色大理石修筑而成。厅内窗细而长，上嵌彩色玻璃，靠两边的侧窗采光，光线幽暗而神秘。哥特式建筑的显著装饰特色之一是两柱之间的彩色玻璃大窗，高约20米，共有24扇。米兰大教堂的玻璃窗可能是全世界最大的，这些彩色玻璃造于 500 多年前，至今仍光彩夺目。玻璃画的主题主要以耶稣故事为主。当阳光透过彩色玻璃射入教堂时，霎时间可以感受到美。教堂东端的三个环形花格窗是意大利花格窗中的精品，它们宽约 8.5 米，高约 21 米。

教堂西端是仿罗马式的大山墙，墙面分成 5 个部分，是由众多的垂直线条和扶壁分开的，而且扶壁上布满神龛雕像。在所有柱子的柱头上都有内置雕像和手工精美的小龛。

复杂的内部设施

一些闻名的神父都选择安葬在大教堂之下，在教堂大厅，供奉着 15 世纪时米兰大主教的遗体，头部是白银筑就，躯体是主教真身。另外，教堂内还藏有许多艺术珍品和米兰名人的陵墓，所以米兰大教堂可以堪称神圣的圣殿。

教堂的屋顶上还有一小洞，被称为“太阳钟”，每天中午阳光由小洞射入，正好落在地上固定着的一根金属嵌条上。“太阳钟”建于 1786 年，300 多年每天都可准确地标出正午时分。

▲米兰大教堂的大理石雕塑

据说教堂的屋顶藏有一枚钉死耶稣的钉子，教徒们每年要取下钉子朝拜三天，以纪念耶稣。为取送这枚钉子，著名科学家和画家达·芬奇发明了升降机。

祭坛是哥特式建筑的装饰重点，殿内的大祭坛四周设 5 尺高栏，正中圣体龛外有 8 根镀金铜柱，其下由四个小天使抬着，支撑着一个凯旋基督铜像的顶盖，将其罩于其中，这是佩莱格里尼于 1581 年设计的。

祭台后共有 4 座大型风琴，其中一个风琴有 180 个调音器，1.3 万个音管的大风琴，这造于 1542 年，1939 年扩充，其声音柔扬悦耳，雄浑有力。

教堂的艺术作品众多，包括教堂北耳堂中由 7 个部分组成的青铜蜡扦，南耳堂中耸立着一尊令人毛骨悚然的圣巴塞洛缪的大理石雕塑，此外，教堂内还有宝物库和米兰大教堂博物馆等。

建于十二世纪的布鲁塞尔广场

布鲁塞尔广场是称得上是世界上最美的广场，是一个浪漫气息很浓的地方，广场上的天鹅餐厅非常著名，当年马克思和恩格斯曾经在这里写下了著名的《共产党宣言》。从 1971 年开始，在每年 8 月 15 日前后的周末，布鲁塞尔广场都会举办一项盛大的庆典，每次庆典的主题都不同。

美丽浪漫的广场

布鲁塞尔广场坐落在市中心，建于公元 12 世纪。广场呈长方形，长 110 米，宽 68 米。广场上最著名的建筑之一是 91 米高的尖塔，这是由建筑师简·范·鲁伊斯布罗艾克为伯冈蒂公爵设计。

▲布鲁塞尔广场

广场四周有很多哥特式建筑物，它们形似燃烧的火焰。广场地面铺设的是花岗石，其简约的风格展现了这座城市的文化特质。在历史上，这座广场一直是布鲁塞尔举行重要活动的地方，国王和贵族甚至于把祭祀的地点也设在广场。

布鲁塞尔广场十分富有浪漫气息，法国作家维克多·雨果赞美这里是“世界上最美的广场”。广场上分布着很多酒吧、巧克力店和餐馆。这里的天鹅餐厅非常著名，当年马克思和恩格斯曾经在这里写下了著名的《共产党宣言》。

从 1971 年开始，在每年 8 月 15 日前后的周末，这里都会有一项盛大的庆

布鲁塞尔

布鲁塞尔位于森纳河畔，面积 162 平方千米，是比利时的首都及最大的城市。布鲁塞尔还是北大西洋公约组织和欧洲联盟的总部所在地。在布鲁塞尔常住人口中，侨民占了 1/4，这些侨民拥有 82 种不同的国籍，分属不同的人种，这也使布鲁塞尔赢得了“人类博物馆”的称号。布鲁塞尔拥有全欧洲最精美的建筑和博物馆，整座城市以皇宫为中心布局。

典。每次庆典的主题都不同。

布鲁塞尔广场原先是布鲁塞尔的一个集市，后来随着布鲁塞尔的逐渐发展壮大，广场也慢慢地发展起来了，成为世界著名的广场。

▲布鲁塞尔市政厅

1767 年，布鲁塞尔爆发了复辟的政治事件，在事件中，广场上的大部分建筑被毁坏了。1872 年起，有关部门开始修缮这些毁坏的建筑。如今广场上的建筑物都在那时候修复好的。

市政厅与历史博物馆

位于广场上的市政厅 1402 年开始建造，到 1480 年大体竣工，占据广场一隅的大部分空间。市政厅拥有令人目眩的 91 米高的尖塔，这是由建筑师简·范·鲁伊斯布罗艾克为伯冈蒂公爵设计的。市政厅拱门上是 100 多具雕像，均是 19 世纪原作的再现。市政厅内庭院中的两个喷泉代表比利时两条主要河流，斯海尔德河和默兹河。市政厅内部装潢考究，悬挂着布鲁塞尔的挂毯和绘画。这座市政厅是 1515 年布拉邦特公爵查理五世主持修建的。

广场另一边还有一座著名的建筑，那就是布鲁塞尔城市历史博物馆。这座博物馆是在 16 世纪修建的，当时是布鲁塞尔长官的寓所。如今的博物馆是按照当时的风格，在 1873 年至 1895 年间重建的。博物馆的房间以动物名来命名，譬如 7 号屋是狐厅，26 号屋是鸽厅，5 号屋是狼厅。

撒尿男孩雕像

广场不远处的一条大街上还有一尊著名的雕塑，那就是撒尿男孩雕像。这尊青铜雕塑有 61 厘米高，表现的是一个男孩向大理石喷泉池中撒尿的情景。关于这尊雕塑，有很多传说。其中一个传说是说，撒尿男孩本是古德弗雷德三世公爵的化身，1142

▲撒尿男孩雕像

年，他就被带到兰斯贝克战场，当时他还是几个月大的婴儿，躺在摇篮里，摇篮就挂于树枝上。雷德三世公爵这么小就被带到战场，是为了激励因他父亲之死而沮丧的军队。不幸的是，这支军队还是吃了败仗，不得不撤退。在军队撤退的时候，雷德三世公爵突然从摇篮中站立起来，做出撒尿男孩塑像的姿势。这一姿势瞬间激发了当时的士气，士兵们纷纷放弃撤退，向敌人冲去，使得战争转败为胜。更令人所熟知的传说，认为这尊雕像为了纪念一个名叫于连的小男孩。当引爆整个市政厅的炸弹就要爆炸时，于连勇敢地对这炸弹撒尿，熄灭了这枚炸弹，保全了市政厅。

现在，各国元首出访比利时，都会送小男孩一套本国传统服装，这已经成为一种惯例。其中中国送的是一套解放军军装和一套中式对襟衣裤。至今，小男孩已拥有700多套风格各异的衣服，这些衣服定期在国王大厦展出，在某些特别的纪念日，小男孩也会穿上应景的服装，以示庆祝。

同业公会会所

广场上的同业公会会所建筑也颇具特色。公会会所原先是木头建筑物，它是布鲁塞尔巨贾聚会和娱乐的场所。1645年，商人们用石料对公会会所做了翻新，在其正面装饰了佛兰芒巴洛克式的装饰物。1695年

▲布拉邦特公爵馆

一支法国军队包围了布鲁塞尔，对布鲁塞尔持续炮击了36个小时，广场上的建筑受到重创，公会会所也被炸毁。之后城里的商人立即慷慨出资，重建了奢华的巴洛克式建筑，作为公会的会所。

巴洛克式建筑

巴洛克建筑其特点是外形自由、追求动态、喜好富丽的装饰和雕刻和使用强烈的色彩，这是17～18世纪在意大利文艺复兴建筑基础上发展起来的一种建筑和装饰风格。巴洛克风格冲破了文艺复兴晚期古典主义者制定的种种清规戒律，打破了对古罗马建筑理论的盲目崇拜，反映了向往自由的世俗思想。

巴洛克建筑起源于罗马，不久即传遍欧洲，以至远达美洲。这是因为巴洛克风格的教堂符合天主教会炫耀财富和追求神秘感的要求，其内部富丽堂皇，而且能造成相当强烈的神秘气氛。

▲布鲁塞尔大广场的鲜花地毯

1431年船员公会在广场上购买了号角小屋，也称船员之家。船员之家的建筑物很有特色，以三角形屋顶寓意着船尾。1697年，又对其进行了重建。广场上还有一栋狼屋，也称弓箭手之家。狼屋门上刻画着罗慕路斯和雷穆斯雕像，大门上方的四座雕像分别代表纷争、和平、谎言和真理。在历史上，狼屋两次被毁，两次重建。广场上还一栋猎物房，这是铜匠和家具匠聚会的地方。猎物房的屋顶呈圆形，代表着地球。广场上还有一栋西班牙国王之屋，也称面包师之屋，这座建筑有着圆形的屋顶，非常漂亮，建筑内部装饰得古色古香。

同业公会对面的布拉邦特公爵馆，也是广场上的一座著名建筑物。这座建筑物呈现布拉邦特风格和意大利风格，有着庄重的大门以及6间漂亮的房子。

教皇退居梵蒂冈城

梵蒂冈城是世界最大的宗教建筑，同时也是世界上最小的国家，这个面积仅0.44平方千米的城中国，集中了一批举世无双的艺术品和建筑杰作。梵蒂冈全城的中心是大教堂，大教堂修筑在使徒圣彼得墓上，它是世界上最大的宗教建筑，它是基督教世界最神圣的地方之一。

▲梵蒂冈城

梵蒂冈城的由来

梵蒂冈位于意大利首都罗马西北角高地上，面积仅0.44平方千米，是世界上最小的国家，约1400人口，城区常住人口仅500人。梵蒂冈是一个内陆城邦国家，即国中国，梵蒂冈城区便是梵蒂冈国家的疆域。

罗马城主教从公元4世纪开始，在罗马帝国衰亡之际乘机掠夺土地，并在6世纪时实际统治了罗马城，宣称自己为“教皇”。此后，以罗马为首都的“教皇国”在意大利中部出现了，但是其疆域多次变迁。

1870年，教皇国被意大利王国吞并，教皇只好退居梵蒂冈城。1929年，教皇同意大利政府签订条约，意大利政府承认蒂冈城以国家的形式存在。梵蒂冈国是政教合一的体制，主权属于教皇，教皇就是国家元首。梵蒂冈国还拥有自己的货币、邮政、电讯及民政机构。梵蒂冈城国的收入部分来自于旅游收入，另外，梵蒂冈在国外的大量土地、投资、黄金和外汇储备，也是国家收入的来源。

梵蒂冈城位于意大利首都罗马西北角的梵蒂冈高地上，其东面的圣彼得广场同罗马市畅行无阻，但北、西、南3面有高墙与罗马市隔开。这个面积不大的城中国集中了一批举世无双的艺术品和建筑杰作，1984年，联合国教科文组织将梵蒂冈城列入世界文化与自然遗产保护名录。大教堂是梵蒂冈全城的中心，也是世界上最大的宗教建筑。

圣彼得广场

▲圣彼得广场

圣彼得广场位于梵蒂冈的最东面，坐落在台泊河西岸，是因其正面的圣彼得大教堂而出名。圣彼得广场的修建历时11年，由建筑大师贝尔尼尼亲自监督施工的。这座广场可容纳50万人，是罗马教廷用来从事大型宗教活动的地方。

广场的柱廊为梵蒂冈的装饰性建筑，是由著名建筑师贝尔尼尼设计。共有三个走廊，由284根圆柱和88根方柱组合而成。这些石柱宛如4人一列的队伍排列在广场两边，柱高18米，需三四人方能合抱。

每根石柱的柱顶，各有一尊大理石雕像，雕刻刻画的是罗马天主教会历史上的圣男圣女，他们神态各异，栩栩如生。

广场中央矗立着一座方尖石碑，在石碑上雕刻着铜狮，铜狮之间镶嵌着雄鹰，做展翅欲飞状。这也是著名建筑师贝尔尼尼和他的学生的雕刻作品。这座石碑原是罗马皇帝卡利古拉为装饰皇宫旁边的圆形广场，从埃及运来的。1586年，教皇西斯廷五世下令将石碑移至圣彼得广场。据说，900多名工人、150匹骏马和47台起重装置花了近5个月时间，才完成石碑的移位工作。

广场两侧有两座造型讲究的喷泉，相传也是名家作品。泉水从中间向上喷射，呈蘑菇状，水柱落下，从四周形成水帘。

广场前面有一条灰石铺成的国界线。

梵蒂冈宫

梵蒂冈宫是世界天主教的中枢，内有礼拜堂、大厅、宫室等，宫内还有举世闻名的一直供教皇私人使用的西斯廷教堂。

梵蒂冈宫自公元14世纪以来一直是历代教皇的定居之处。数百年来，已几经改建，梵蒂冈宫才变得如此富丽堂皇。

16世纪初，拉斐尔的叔父伯拉孟特是负责圣彼得大教堂与梵蒂冈宫的总建筑师。他说服了教皇尤莉亚二世，请年仅25岁的画家拉斐尔前来罗马创作教皇办公室内一系列壁画。教皇要求在屋内绘制的壁画有一个总主题，即赞誉天主教及首脑们。所有壁

▲梵蒂冈宫

▲《西斯廷圣母》

画的内容都必须包含罗马教廷的历史，并且要把朱理二世及其继承人利奥十世的肖像画进去。拉斐尔接收任务后，进行认真的思考方才开始进行创作。但拉斐尔构图的思路，基本上是与教皇的意图相矛盾的。他创作的壁画《西斯廷圣母》表现出了一种人类智慧与文化的最高境界，把当时社会崇尚的“神学”、“哲学”、“诗学”、“法学”四种学问用宏大的绘画来加以赞美，因而壁画的主题尽管与教会的宗旨是不符的，批评者却难以反对。不少评论家认为，拉斐尔的这些画正符合了人文主义的思想内容。

《西斯廷圣母》这幅祭坛画，被指定装饰在为纪念教皇西克斯特二世而重建的西斯庭教堂内的礼拜堂里。至 1574 年为止，这幅画一直保存在西斯庭教堂里，现今，这幅画被德国德累斯顿博物馆收藏。

之前画家笔下的圣母偏重于平民气息，看上去像平常人，但拉斐尔笔下的圣母像发生气质的变化，圣母没有了平民气息，转变为女王式的圣母了。这一幅《西斯廷圣母》就具有女王式的严肃。一位俄国画家看完《西斯廷圣母》，感慨地赞美道：“拉斐尔画的圣母，本身就是对人类的想象力的创造。”可以说拉斐尔的这幅画是所有圣母像中的集大成者，是最成功的一幅圣母像。

梵蒂冈宫西斯廷小教堂是教皇的私人专属教堂，这座小教堂长 40.5 米，宽 13.3 米，高 20.7 米，是公认的意大利文艺复兴时期的建筑杰作。米开朗琪罗花费 4 年时间绘制的著名壁画“创世纪”和“最后的审判”就保存在西斯廷小教堂的天花板和墙壁上，其内容取材于《圣经》里的故事，堪称艺术珍品。

梵蒂冈宫原先是教皇的宫廷，后来虽然教皇住进了新住所，梵蒂冈宫也改为了博物馆，但历届教皇都对梵蒂冈宫进行过不同程度的修复、扩建和美化。这样一来，梵蒂冈宫就有展厅、展室和房间等共达 1400 多个，形成了庞大的口字形建筑群，使梵蒂冈博物馆内馆中有馆、馆中有厅，多不胜数。

圣彼得大教堂

圣彼得大教堂是梵蒂冈内的最高建筑，也是全世界最大的天主教堂。这座世界上最大的教堂却坐落于世界上最小的国家梵蒂冈。

圣彼得大教堂是以彼得命名的。彼得是跟着耶稣一起传教的圣徒。当耶稣的门徒犹大出卖耶稣，引领敌人来追捕耶稣的时候，彼得出于一时的胆怯，犯下了错误，这种胆怯行为给他的一生蒙上了巨大阴影。耶稣死后，彼得为了赎罪，把整个生命都投到耶稣留下的事业中，他不辞辛苦，携众教徒西行万里，从巴勒斯坦起程，来到罗马传教，后不幸被历史上著名的暴君尼禄所杀。彼得是被倒钉在十字架上悲壮地死去的。

公元 4 世纪，罗马的君士坦丁大帝在皈依基督教后，于公元 325 年在埋葬彼得的地方建立了一座名为圣彼得的小教堂，以纪念彼得。随着基督教势力日趋昌盛，16 世纪时，教皇尤里乌斯二世登基后，他决定拆除破旧的小教堂，在原址兴建一座宏伟壮丽、雄霸天下的新圣彼得教堂，以显示教廷的威势与力量。

教廷采取公开竞标的方式选择设计方案，在众多应征的设计方案中，教廷青睐一

▲圣彼得大教堂

▲圣彼得大教堂内景

个巨型圆顶与希腊十字形叠合的设计方案，认为这个方案构思严密精巧，式样独特壮观。这个方案是画家兼建筑家布拉曼特设计的。

公元1506年，大教堂开始动工，直到9年后布拉曼特去世，也只完成了教堂中央的奠基工作以及教堂的甬道拱门等局部工程。其实在前一年，教皇尤里乌斯二世也去世了。新教皇利奥十世有了新的想法，在他的要求下，圆顶被取消，引进了一些哥特式的设计，他还要求将原来方案中的希腊十字形改为拉丁长十字形。为此，新教皇任命拉斐尔接替布拉曼特成为工程的总设计师。因工程量过大、西班牙入侵、反赎罪券风潮以及拉斐尔去世等原因，工程又不得不放慢进度，直至停顿了下来。1547年，72岁的米开朗琪罗被另一位教皇保罗三世任命为总工程师，米开朗琪罗又把希腊正十字式样重新恢复过来，并做了一定的修正，半球形大穹顶也被恢复过来，只是改为椭圆形了。他还精心设计了42米宽的中央大厅。但他也没有等到工程完工就去世了。之后，卡诺·马德尔诺主持未完成的工程，他没有改变原有的设计，基本执行着米开朗琪罗的方案，但他只是做了一个小的改动，那就是拱顶两边加了三个小堂，这使得整体效果大变。后来，贝尔尼尼主持修建的时候，又在马德尔诺的钟楼上添加了塔球。16世纪末，教皇保罗五世又下令把整个建筑又改回拉丁十字形，并在教堂正厅前边加建一个巴西利卡式的大厅。到1626年，重建工程才最后完工，罗马教皇乌尔班主持了落成典礼。

大教堂历时100多年的重建才最终得以完成。前后约有20个教皇主持重建工作，还包括拉斐尔、米开朗琪罗、贝尔尼尼在内的10多位文艺复兴时期的艺术大师先后参与了设计工作。

新建的大教堂规模宏大，高达138米，一直是世界上最大的天主教堂和世界最大的圆顶建筑物，直到在1990年非洲建起了一座超过它的天主教堂。

圣彼得大教堂规模巨大，装饰精美。它朴实文雅的外形，与内部金碧辉煌的璀璨形成鲜明的对比，其巧妙繁复，令人目不暇接。另外，遍及大教堂堂顶、墙壁、石柱的浮雕和雕像以及色彩斑斓的图案也令人眼花缭乱。

尚博尔城堡：实用的审美过渡

尚博尔城堡具有极高的建筑价值与历史意义，它是古堡建筑由实用性向建筑审美性转变的鲜明例证，它是融会了中世纪传统建筑模式和古典意大利式风格的完美之作。时至今日，它历尽沧桑却仍保存完好，成为法国城堡的象征。

达·芬奇的草图

尚博尔城堡坐落在法国卢瓦尔河谷大森林中部，是一个中央聚集了许多修长小塔的城堡。它的最高处是城堡的主楼，距地面 128 米。城堡内共设有 365 个壁炉。这样一来，城堡内每天只需点一个壁炉，每个壁炉一年只用一次。

▲弗朗索瓦一世

弗朗索瓦一世之所以决定建尚博尔，是因为他是文艺复兴运动的热情追随者，他迷上了龙巴托式的建筑风格，希望能建造一座符合他身份的建筑物。

1517 年，弗朗索瓦一世邀请达·芬奇到法国宫廷为尚博尔的建筑方案绘制了几幅草图。达·芬奇的草图令法兰西斯一世十分满意，他要求其他建筑师结合这几幅草图开始制定完整的设计计划。

1519 年，城堡的建筑正式开始修建。其中央部分花费了 15 年的时间才最终完成。

为了使得城堡的周围显得更漂亮，国王购下了城堡附近的大片土地，这里是当时全法国野生动物最多的区域之一，无边的森林与从这里蜿蜒流过的卢瓦尔河一起构成了它特有的风光，贵族们将这里视为狩猎的黄金地段。

如今这里是尚博尔公

弗朗索瓦一世

弗朗索瓦一世（1494 ~ 1547 年），法国国王，又译作法兰西斯一世，1515 年 ~ 1547 年在位。在意大利战争中，他败给了如日中天的神圣罗马帝国皇帝查理五世，并被俘，后来他和异教徒结盟，才勉强保住了法国本土没被意大利占领。在法国国内，他是臣民眼中的开明君主。他也是法国历史上最著名也最受爱戴的国王之一。在他的支持下，法国的文化发展进入了法国历史上一个高潮期。

园，占地5433公顷，周长32千米的围墙至今坚固如初。

▲尚博尔城堡

▲尚博尔城堡外观

建筑的风格

尚博尔城堡是中世纪传统建筑模式和古典意大利式风格的完美结合，他的上部却突兀挺立出许多圆锥形塔尖，组成了最具特色的哥特式艺术气息，它的下部是长156米、宽117米的长方形堡垒。下部的简朴和上部的华美很好地融合，使建筑整体看起来仿佛风韵优雅的少女，十分浑圆有致。

城堡的建筑师柏纳贝是意大利人，他在建筑中加进意大利式的细部设计，但他确保了建筑还能保持法国传统的基础，从而使建筑产生了一种丰富感。有时甚至不管室内有无需要，在门窗等细部，一概要求对称，这是因为文艺复兴式建筑比哥特式更重视对称。这明显表达出城堡的主人追随文艺复兴思潮的热情。

尚博尔城堡注重外观，摆脱了原来城堡只注重防御功能的一面。有的地方连采光的窗子都没有装，就是为了追求外部效果。设置在主厅里的双螺旋楼梯是城堡最著名的设计，两个楼梯随着自身的中轴线向上盘旋，但沿着它们同时而上的两个人却永远不会碰面。

法国后来爆发了大革命，尚博尔城堡曾被几度抢掠，丧失了许多珍宝，而且也丧失了城堡的功能，先后沦为养马场、火药工厂和监狱。今天，尚博尔已重新恢复它原来的面目，它被开辟成尚博尔公园，成了欧洲最大的公园。

建筑的结构

整个城堡分两部分，一部分是一座三面封闭的长方形楼房，楼房上方设有纪念塔，四角有方形角楼护卫。另一部分是一道长方形堡墙，长 156 米，宽 117 米，四角建有直径 19.5 米的坚固的圆柱体塔楼。

在城堡的西北部，有四座塔楼平行排列，组成一个宏伟的建筑群，这是城堡两部分建筑的结合点。纪念塔分三层，每层都有平台。外围的堡墙除正面是两层建筑物以外，其他三面以及东角、北角的两座塔楼仅有一层。

在建筑物中央还设有四间呈十字形排列的守卫室。守卫室交叉处有一座举世闻名的楼梯。楼梯顶端是 33 米高的塔顶天窗。窗顶为八块尖弧形拱拼成。塔的天顶为椭圆形，配有蝾螈图形装饰的藻井。

博尔城堡的特色是建筑物上部极富装饰效果，下部却风格简朴，从而形成鲜明的对比。

建筑的意义

尚博尔城堡作为 16 世纪早期的城堡，同时使用了中古式和文艺复兴式的装饰。它除了具有受到文艺复兴影响的特征外，其独到的中古式风格，也使得这座城堡举世闻名。

▲尚博尔城堡细部

尚博尔城堡抛弃了藏楼板的装饰性嵌板天花板，取而代之的用大梁、小梁和楼板当作天花板，这是一个巨大的创举。城堡的大壁炉仍然是隐藏式的，但装饰了意大利式图案、涡纹装饰或象征性的徽章之类的花纹，这非常具有特色。

尚博尔城堡具有极高的建筑价值与历史意义，它是古堡建筑由实用性向建筑审美性转变的鲜明例证，它是融会了中世纪传统建筑模式和古典意大利式风格的完美之作。

1981 年尚博尔城堡被列入世界文化与自然遗产名录，时至今日，它历尽沧桑却保存完好，成为法国城堡建筑的象征。

罗浮宫：开始只为存放珍宝

罗浮宫是艺术的圣殿，是世界上最古老、最大、最著名的博物馆之一，藏品中有被誉为世界三宝的《维纳斯》雕像、《蒙娜丽莎》油画和《胜利女神》石雕。罗浮宫还曾是法国历史上最悠久的王宫，它既是一件伟大的建筑艺术杰作，也是法国近千年来历史的见证。

从菲利普二世到路易十四的建筑

罗浮宫整体建筑呈“U”形，位于法国巴黎市中心的塞纳河北岸，分为新、老两部分，新的建于拿破仑时代，老的建于路易十四时期。宫前的金字塔形玻璃入口，出自华人建筑大师贝聿铭之手。

▲罗浮宫正门

罗浮宫现在是世界上最古老、最大、最著名的博物馆之一，它曾是法国历史上最悠久的王宫。罗浮宫陈列面积5.5万平方米，藏品2.5万件。藏品中有被誉为世界三宝的《维纳斯》雕像、《蒙娜丽莎》油画和《胜利女神》石雕。藏品中有大量希腊、罗马、埃及及东方的古董，还有法国、意大利的远古遗物。

在十字军东征时期，菲利普二世为了保卫北岸的巴黎地区，在这里修建了一座用于存放王室的档案和珍宝的城堡，当时就称为罗浮宫。所以说，罗浮宫当时只是菲利普·奥古斯特二世皇宫的城堡。

贝聿铭

贝聿铭，1917年出生于中国广州，他的祖辈是苏州望族，他曾在家族拥有的苏州园林狮子林里度过了童年的一段时光。父亲贝祖贻曾任中华民国中央银行总裁。10岁时，贝聿铭随父亲来到上海，1935年，他远赴美国留学，先后在麻省理工学院和哈佛大学跟随格罗皮乌斯和布鲁尔学习建筑。1955年，他成立了自己的建筑事务所，1983年获得普利兹克奖，他的建筑作品以公共建筑、文教建筑为主，被誉为“现代建筑的最后大师”。他善用钢材、混凝土、玻璃与石材，他的代表作品很多，譬如美国华盛顿特区国家艺廊东厢、法国巴黎罗浮宫扩建工程。

查理五世时期，罗浮宫成了王宫，然而在其后的整整150年间，罗浮宫却并无国王居住。但是在之后的350年中，王室贵族们却乐于居住在罗浮宫。王室贵族们为了满足他们越来越高的寻欢作乐的要求，不断在罗浮宫增建了华丽的楼塔和别致的房间。

▲罗浮宫大画廊

16世纪中叶，罗浮宫被拆毁了，这是弗朗西斯一世继承王位后所下的命令。同时，他下令在原来罗浮宫城堡的基础上，由建筑师皮尔莱斯科重新建筑一座宫殿。新的罗浮宫是一座意大利式的建筑。弗兰西斯一世的儿子亨利二世即位后，又在罗浮宫上“动手脚”，把他父亲毁掉的部分重新建造起来。这是因为亨利对意大利式的建筑并不感兴趣，反而喜爱法国文艺复兴时期的建筑艺术。

后来，法国的亨利四世国王又花了13年的功夫，建造了罗浮宫最壮观的部分——大画廊。这是一个华丽的走廊，走廊非常长，长达300米，路易十六甚至可以在走廊中骑着马追捕狐狸。亨利四世还在这里栽满了树木，还养了鸟和狗。

其后的路易十四是法国历史上著名的国王，他在罗浮宫做了72年的国王，被称为太阳王。路易十四把罗浮宫建成了正方形的庭院。

路易十六在位期间，爆发了著名的1789年大革命，法国革命的第一个断头台就建在罗浮宫“竞技场”院子里。1792年5月27日，废除王权后，法国国民议会宣布，罗浮宫成为公共博物馆。1793年8月10日，罗浮宫艺术馆成为一个博物馆，正式对外开放。这种状况一直延续了6年，直到拿破仑一世都搬进了罗浮宫。

从拿破仑到拿破仑三世的建筑

拿破仑搬进罗浮宫后，以前所未有的方式装饰罗浮宫，他在罗浮宫的外围修建了更多的房子，在竞技场院里修建了拱门，拱门上的第一批雕刻马群是从威尼斯的圣马可教堂上取下来的。拿破仑把欧洲其他国家所能提供的最好的艺术品都搬进了罗浮宫。

拿破仑不断地向外扩张，并称雄于欧洲，被征服的国家的殿堂、图书馆和天主教堂里的几千吨的艺术品被拿破仑运到了巴黎罗浮宫，罗浮宫巨大的长廊也布满了他掠夺来的艺术品。拿破仑因此将罗浮宫改名为拿破仑博物馆。

拿破仑在罗浮宫的奢侈生活持续了12年，一直到滑铁卢战役的惨败。拿破仑失势

▲罗浮宫外观

后，一些掠夺来的艺术品被物归原主。但由于法国人施展外交手段，使得许多被拿破仑掠夺来的艺术品至今仍留在了罗浮宫。

后来的拿破仑三世是一位野心勃勃的皇帝，他在罗浮宫5年执政期间，所修建的建筑比所有的前辈在700年内修建的还要多。直到拿破仑三世去世时，罗浮宫整个宏伟建筑群才告以完成。拿破仑三世将罗浮宫3个世纪以前制定好的宏伟的设计图终于变成了现实。

密特朗与贝聿铭的建筑

罗浮宫博物馆闻名天下，这是因为博物馆本身便是一座杰出的艺术建筑。罗浮宫博物馆自东向西横卧在塞纳河的右岸，整个建筑壮丽雄伟，包括庭院在内占地19公顷，数百个用来展示珍品的大厅富丽堂皇，处处都是呕心沥血的艺术结晶，大厅的四壁及顶部都有精美的壁画及精细的浮雕，让人叹为观止。

几百年来，罗浮宫一直是比较分散的建筑群，并没有形成一个整体。到1981年后，这种情况才得到了改变，1981年9月，弗朗索瓦·密特朗当选为法兰西共和国总统，他许诺："让罗浮宫恢复原来的用途。"这句话的意思是让财政部搬出"黎塞留侧翼"。"黎塞留侧翼"自1871年以来一直由财政部占据，此地长195米，宽80米，建于1852 ~ 1857年间，是罗浮宫的一个组成部分。1989年7月，财政部奉命搬离这个赏心悦目的地方。"黎塞留侧翼"的开放，一下子使罗浮宫博物馆增加了3个庭院和165个新展厅，增加了2.15万平方米的展览面积。

密特朗总统对罗浮宫博物馆做出的另一贡献是为博物馆设计新的入口处，他邀请的是著名的美籍华裔建造师贝聿铭。贝聿铭先生接受邀请后，经过深思熟虑，提出建造一个"金字塔"的方案。这座"金字塔"为巴黎市增加了新的耀眼的光彩。观众的参观线路因为这座"金字塔"显得更为合理，不必像过去那样去一个展厅必须要穿过其他几个展厅，有时甚至要绕行七八百米，人们可以在金字塔里面直接去自己喜欢的展厅。有了这座金字塔，博物馆便有了足够的服务空间，罗浮宫博物馆的服务功能因此而更加齐全。

帕拉第奥建造圆厅别墅

圆厅别墅建于1552年，位于意大利的维琴察，是帕拉第奥的作品。圆厅别墅对欧洲的住宅建筑影响很大，因为这个别墅一丝不苟地执行着古典的构图方法，具有独特之处。在18世纪上半叶，英国的建筑中还专门出现了“帕拉第奥”主义，甚至有人盖了一座与圆厅别墅几乎一模一样的房子。

帕拉第奥的建筑观点

建筑史学家认为，古典柱式体系的复兴是意大利的文艺复兴运动在建筑史上的主要反映。文艺复兴之后，古典柱式体系不仅在公共建筑、宗教建筑上得到反映，就连住宅建筑上同样得到反映。意大利著名建筑家帕拉第奥所设计的圆厅别墅就是这种柱式体系的代表作，那端庄匀称的柱列，那裹金贴银的山墙尖，那高敞宽大的形体，都非常优美。

▲帕拉迪奥

帕拉第奥有着极高的艺术修养和分析鉴赏水平。他曾经提出过许多关于建筑美学的观点，并阐述了他在构图方面的理论。他认为，当很多建筑物组成一个整体时，一定要有个占主导地位的部分。他说：“我在所有的建筑物前面都设计了山墙……使建筑物增色不少……这些山墙体现了房屋的大门……建筑物的前部因此而显得比其余部分漂亮。”他又说：“柱廊都有山墙，它使建筑物的中央部分比两旁高起来，所以，这些山墙使建筑物增光不少。”帕拉第奥特别强调，为了使建筑物更好，在建筑物的各部分中一定要分清主导部分和辅助部分。

帕拉第奥

安德烈亚·帕拉第奥（1508～1580年）出生于意大利帕多瓦，13岁时就跟随一位石匠当学徒。他在学者特里西诺的别墅扩建工程中，掌握了古典建筑的原理。此后他几次游学罗马，考察古典遗迹，并潜心研究古罗马建筑师维特鲁威的著作。他对全盛时期文艺复兴的建筑成就的研究很有心得，并因此发展出具有自己特点的古典主义风格。其设计作品以邸宅和别墅为主，最著名的代表作是圆厅别墅。其作品严谨而富有节奏感。他被认为是西方最具影响力和最常被模仿的建筑师，而其创造的人字形建筑已经成为欧洲和美国豪华住宅和政府建筑的原型。他的著作有《建筑四书》等。

圆厅别墅的外观

圆厅别墅建于1552年，位于意大利的维琴察，这是帕拉第奥的作品。它是在一个四面开阔的小山

▲圆厅别墅外观

坡上建起来的集中式构图的住宅。这座住宅体现了帕拉第奥的全部建筑思想。

住宅平面呈正方形，每边边长约24.3米。住宅内部的正中是个圆形大厅，直径约10.6米。内部的房间按纵横两条轴线对称布置。它的四个入口都是在正方体的屋子外加6根古典柱式的门廊，由门廊前面的踏步可直接进入二层的主要居室。这个门廊非常高，高达二层，所以它看起来十分宏大宽阔，一副贵族气派。

门廊的6根柱子上方是一片装饰华丽的，饰着家族的纹徽，在各入口处的台阶两边的墙上也同样安置着雕像。

如果站在远处看，可以看到大厅穹顶稍稍高出周围的屋顶，似乎是这所房屋的主脑。由于大厅的前后左右都有入口，每一个入口都完全相同，无论从哪一个入口进去，都有主入口的感觉。

圆厅别墅的内景

别墅内部的一层是储藏、洗衣、杂房，二层是琴房、起居大厅和卧室。起居大厅无法采到足够的光，因为大厅只有穹顶侧面的几个圆窗洞可以接收太阳光。这样由二层过道朝里看，大厅内部的光线就暗淡些了。不过从整体看，这座房屋的构造却是十分严谨的。帕拉第奥在造好这幢房子后说："它坐落在一个山丘上……它的四面都有廊子，所以在它的每一个方向都能看到优美的风光"。又说："四个柱廊好像都在欢迎那些走近它的人。"

圆厅别墅对于欧洲的住宅建筑影响很大，因为这个别墅一丝不苟地执行着古典的构图方法。在18世纪上半叶，英国的建筑中还专门产生了"帕拉第奥"主义，甚至于有人盖了一座与圆厅别墅几乎一模一样的房子。

▲圆厅别墅内景

圆厅别墅在使用上却造成一些弊病。由于追求这种严格对称的构图方法，如室内房间的朝向就无法选择，窗子少又小，窗台高度也过高，造成居住不便。在住宅建筑中，圆厅别墅只能算一种形式上很美的典型建筑。

路易十四使凡尔赛宫建成

凡尔赛宫是法国艺术最杰出的代表。凡尔赛宫富丽堂皇、雍容华贵，是欧洲自古罗马帝国以来，第一次集中如此巨大的人力、财力、物力所缔造的非凡建筑杰作。作为欧洲最宏大的王宫，凡尔赛宫代表了法国整个黄金时代建筑艺术的顶峰。

凡尔赛宫的建筑意义

▲路易十四

如今的凡尔赛看上去富丽堂皇、雍容华贵，但在开始时，它不过是一座不起眼的小村落。1627 年，路易十三在一个偶然的机会，看中了这块地方，命人在此建造了一座皇家狩猎时的行苑。他的儿子路易十四一开始就认为这是块宝地，决心要把这个行苑改建成有史以来最大最豪华的宫殿。为此，他前后历经 29 年时间，集中了当时著名的建筑师、设计家和技师，倾尽全国人力、物力和财力，建成了这座后来举世闻名的凡尔赛宫。路易十四不但为建造这些大型建筑花费大量的钱财，而且常常亲自过问建造过程，这是因为路易十四认为，大型建筑可以为他本人及自己的政权增光添彩。为此，他对那些宫廷建筑师宠爱有加。凡尔赛宫的建造者之一勒·诺特尔也因此受到路易十四的格外抬爱，成为唯一能跟路易十四拥抱的人，国王接连几次赏赐他巨额的奖金。但路易十四还不满足，对凡尔赛宫的另两名建造者勒·布朗和孟萨特，还赐予了爵位，这引起了许多宫廷贵族的不满。路易十四很不屑地回敬了不满的贵族："出现一个孟萨特要几百年时间，可我在 15 分钟内就可以册封 20 个公爵或贵族。"

面对路易十四如此的恩待，建筑师们自然会加倍努力。凡尔赛宫的南北两翼和镜厅由孟萨特负责建造，内部装饰则主要由勒·布朗完成。根据路易十四的旨意，宫殿墙面改为大理石的，并扩建了前院和练兵广场。原有的文艺复兴样式的宫殿被全部进行了改造。建筑师还修建了一个极其宏伟壮丽的花园，并在广场上设置了三条放射状的大道。

在艺术家和建筑师的努力下，凡尔赛宫终于被建成了欧洲最大的宫殿和园林。1682 年，法国王室正式从巴黎迁至凡尔赛。

路易十四，被称为太阳王，是法国历史上赫赫有名的国王，他的名言"朕即国家"生动地反映了他的思想，他使法国的绝对君权制度发展到了顶峰。而凡尔赛宫的修建

▲凡尔赛宫的王后卧室

过程充分贯穿了他的思想。他对凡尔赛宫的宫殿和园林进行无休止的扩建、修缮和装饰，其目的是为了使凡尔赛宫与自己至高无上的地位相匹配。他的宗旨就是要通过宏大、豪华的宫殿建筑来强调绝对君权制度下国家和民族的统一。为此，凡尔赛宫的豪华精美达到了登峰造极和无以复加的程度。

路易十四死后，他的曾长孙路易十五即位，他和后来即位的路易十六都喜欢在凡尔赛宫居住。他们进一步扩建凡尔赛宫，路易十五花费重金为自己的王后在凡尔赛宫建了一座极为精致的小别墅。

路易十五

路易十五（1710 ~ 1774 年）是太阳王路易十四的曾孙，其父是路易十四的孙子勃艮第公爵。他 5 岁便登基，从 1726 年到 1743 年，是他执政期间最繁荣太平的一段时期。1774 年，他死于天花。他执政后期，宫廷生活糜烂，其奢华暴虐的程度，可以从相传的那句："我死后，哪管它洪水滔天。"可见一斑。

路易十六在凡尔赛宫住到 1789 年，直到法国大革命爆发。此时他不得不结束凡尔赛宫奢华舒适的生活。1792 年，愤怒的群众，将路易十六送上了断头台。作为路易十六罪恶生活的证据，凡尔赛宫遭冷遇，并数遭劫难。1837 年，七月王朝首脑路易·菲利普将凡尔赛宫的南北宫和正宫底层改为博物馆，并下令重修凡尔赛宫。

凡尔赛宫全貌

凡尔赛宫是一座庞大的宫殿，宫殿主体长达 707 米，总建筑面积为 11 万平方米，园林面积达到 100 万平方米。

宫殿气势磅礴，布局严密、协调，以东西为轴，南北对称，中间是王宫，两翼是宫室和政府办公处、剧院、教堂等。在长达 3 千米的中轴线上，还建有雕像、喷泉、草坪、花坛、柱廊等。

凡尔赛宫摒弃了法国传统的尖顶建筑风格而采用了平顶形式，显得端庄而雄浑。凡尔赛宫外观宏伟、壮观，宫殿外壁上镶嵌着大理石人物雕像，造型优美、栩栩如生。

凡尔赛宫内部陈设和装潢也富丽奇巧，奢华考究，富于艺术魅力。凡尔赛宫宫内有 500 多间大殿小厅，各厅的墙壁和柱子都用色彩艳丽的大理石贴成方形、菱形、圆形的几何图案，处处金碧辉煌、豪华非凡，有的墙面上还嵌着浮雕，画着壁画。天花板上装着巨大的吊灯和华丽的壁灯。此外还配有精雕细刻、工艺精湛的木制家具，给人以华美、铺张、过分考究的感觉。来自世界各地的珍贵艺术品陈列在宫中。

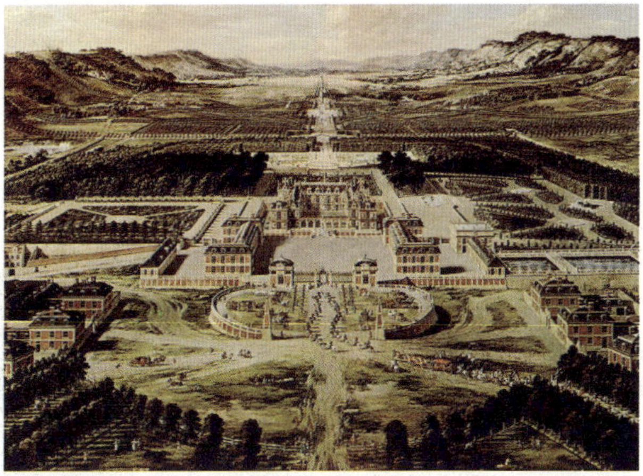

▲凡尔赛宫外观

神奇的镜厅

凡尔赛宫中最为富丽堂皇就是位于中部的“镜厅”，也称“镜廊”。“镜厅”左与和平厅相连，右与战争厅相接。它规模宏大，长 73 米，宽 10.5 米，高 12.3 米。拱形的天花板上绘满了反映中世纪晚期路易十四征战功绩的巨幅油画。天花板上还装有巨大的吊灯，上面放置着几百支蜡烛。排列在两旁的是 8 座罗马皇帝的雕像，8 座古代天神的雕像及 24 支光芒闪烁的火炬。吊灯、烛台与彩色大理石壁柱及镀金盔甲交相辉映，十分奢华美丽。

“镜厅”的墙面贴着白色的大理石，壁柱使用的是深色的大理石，柱头是铜制的，且镀了金。

在“镜厅”中，有一面墙安装着 17 扇面向花园的巨大圆拱形大玻璃窗，与它相对的墙壁则贴满了 17 面，每面均由 483 块镜片组成的巨型镜子。白天，人在屋中，通过透明的大玻璃，就可以欣赏到花园的美丽景色。入夜，几百支燃着的蜡烛与镜外的璀璨群星交相辉映，使人如入仙境一般。

“镜厅”是由大画家、装潢家勒·布朗和大建筑师孟萨特合作建造而成的。

▲凡尔赛宫镜厅

1919 年第一次世界大战结束后，法国战胜德国。为了报 47 年前德国人强加给自己战败耻辱的仇恨，法国指定德国在凡尔赛宫的镜厅签订了著名的凡尔赛和约。当年签约时与会代表的所用物品，如今还保存在镜厅的一角。如今的法国总统和其他领导人也常在此会见、宴请各国国家首脑和外交使节。

法兰西式大花园

凡尔赛宫的正宫前面是一座风格独特的法兰西式大花园。这个大花园极其讲究对称和几何图形化，完全是人工雕琢的。花园近处有两个拥有600多个喷头巨型喷水池，喷头同时喷水，能够形成遮天盖地的水雾，在阳光下照射下，会变成七色的彩虹。在喷水池边还伫立着100尊女神铜像，十分娇美婀娜。园中各式花坛，错落有致，布局和谐。

▲凡尔赛宫大花园

路易十四对花有强烈的嗜好。每年要从荷兰进口400万只球茎，安置在画坛中。坛中花草的种植，别具匠心。亭亭玉立的雕像则掩映在婆娑的绿影和鲜花的簇拥中。

花园不能缺少活水。为此，路易十四下令，开凿一条16千米长60米宽的运河，给花园里引来塞纳河水。在花园里的那段运河中，停泊着游船和小艇，路易十四可以随时坐船游玩。

凡尔赛宫内还有一座四层的母神喷泉，喷泉簇拥着太阳神之母的雕像。太阳神之母一手护着幼小的阿波罗，一手似乎在遮挡四周向她喷来的水柱。这尊雕像是用洁白的大理石雕刻而成，高贵典雅、栩栩如生。

从母神喷泉向西，沿中轴线延伸着一块长330米，宽36米的巨大草地，草地两侧矗立着以神话中的人物为主人公的白色石像。石像之外是名为“小林园”的景区，一共有12个。每区有一个主题，或者是水剧场，或者是环廊，或是人造的假山洞。

水池与花园里的运河相连。“小林园”外是“大林园”。所谓“大林园”，是一片浓密的树林。

黄昏时分，满天彩云，瑰丽无比，整个园林都焕发着金色的光辉。整座凡尔赛宫，从母神喷泉到阿波罗驱车喷泉再到其他种种景致，表现了太阳神阿波罗从幼小到成长后威武巡天的全过程，都贯穿着太阳的主题。这也清楚地揭示了凡尔赛宫的主题，就是歌颂人间的太阳王——路易十四。

凡尔赛宫代表了法国整个黄金时代建筑水平的顶峰，是西方古典主义艺术的卓越代表。各国王室建造宫殿纷纷效仿凡尔赛宫的设计思想。

第五章
西方建筑的复古思潮

西方复古思潮的建筑，指的是在借鉴古希腊古罗马的古典建筑风格的基础上，发展出的彰显个性的建筑以及模仿各种其他风格的建筑。

例如残疾军人收养院新教堂这座威严、庄重的教堂就是一座彻底按古典主义建筑原则建造的宗教建筑。还有芬兰堡是现存世界上最大的海防军事要塞之一，波斯坦的宫殿和庭院也是一个模仿各种建筑风格的典型建筑杰作。

波茨坦的宫殿和庭院

普鲁士国王弗里德里希二世一生穷兵黩武，到处攻城略地，却没有留下什么痕迹。但是，他下令建造的波茨坦宫殿和庭院却成为一处世界上享有盛誉的名胜，这个建筑被称为普鲁士的凡尔赛宫。

宫殿和庭院的来历

波茨坦是勃兰登堡州首府，位于柏林市西南郊，它历史十分悠久，建城有 1000 多年的历史。1000 多年前，波茨坦曾是斯拉夫人的居住地。公元 1660 年，勃兰登堡（普鲁士前身）大选侯威廉开始在这里营建宫室，并把波茨坦定为陪都。威廉为了让波斯坦成为一个热闹的城市，还把成千上万受迫害的法国新教徒安置在这座人烟稀少的小城里。从波茨坦的“法国教堂”和“荷兰城区”的遗迹中，人们至今仍可忆见当年各国移民的盛况。这些移民在波斯坦，发挥了他们在故乡学到的知识和技能，为波茨坦的兴旺做出了显著贡献。

▲波茨坦的宫殿

18 世纪初，弗里德里希·威廉一世这个“军人国王”，把波茨坦变成王家卫戍部队的驻地。他的儿子普鲁士国王弗里德里希二世，看中了波茨坦的优雅环境，把这里建成普鲁士的凡尔赛。

弗里德里希二世一生穷兵黩武，到处攻城略地，没有留下什么痕迹。但是，他在这里营造建筑的波茨坦的宫殿和庭院却成为一处享有世界声誉的名胜。

波茨坦现存的宫殿有桑斯西宫、古里尼凯宫、沙尔劳腾霍夫宫、巴贝贝尔克宫及采茨利霍夫宫，庭园有鲁斯特庭园、孔雀岛等。

弗里德里希·威廉一世

弗里德里希·威廉一世（1657 ~ 1713 年），普鲁士的第一位国王（1701 ~ 1713 年在位）。他是欧洲历史上第一个穿军服的君主。他一生都致力于对普鲁士进行加强君主专制和军国主义的强制改造。他提着棍棒，在波茨坦欢乐宫的练兵场上亲自训练士兵，长此不懈，因此被称为“士兵王”。他仅用 2547 个银币就完成了自己的加冕典礼，生活十分节俭。

桑苏西宫

波茨坦最大最有名的一处宫殿叫桑苏西宫，位于城西市郊。这座宫殿是弗里德里希二世 (1740 ～ 1786 年在位) 所建。桑苏西宫的宫名取自法文的“无忧”，意指弗里德里希二世可在此无忧无虑、逍遥自在地消夏。

桑苏西宫整个宫殿坐落在丘峦之上，布局协调、结构精巧。宫外横贯东西的笔直林荫道长达 2.5 千米。桑苏西宫是模仿凡尔赛宫建成的，但桑苏西宫并不是对凡尔赛宫的简单复制，在其中糅进了修建者弗里德里希二世个人的喜好。

桑苏西宫正前方的大喷泉是用圆形花瓣石雕组成，陪衬的四个圆形花坛分别代表着“火”，“水”，“土”，“气”，古希腊哲学家认为世界万物由这四种元素组成。花坛内塑有爱神维纳斯和商神墨尔库厄等神像，造型精美，形象生动。

▲采茨利霍夫宫正面大厅

桑苏西宫内部采用的是洛洛克风格，美丽别致。宫殿虽然只有一层，但采用的是落地大窗，窗间的众多雕像显示出了宫廷的气派。宫殿正中是用大理石建成的圆形穹顶大厅，其后为晋见厅。西翼有五间贵宾室，其中有一间曾是法国人伏尔泰的居室。东翼是弗里德里希二世的会客室、琴室、卧室、书房的图书馆。

位于大厅的之后晋见厅内部多用壁画和明镜装饰，四壁镶金，光彩夺目。晋见厅天花板上描绘着百花盛开、鲜果缀枝的乐园，极富浪漫色彩。

晋见厅之外的其他房间的墙壁和家具以淡绿、银白、紫罗兰、浅玫瑰等色装饰，色调瑰丽而典雅。

位于东翼的琴室中还摆着小钢琴和里德里希二世国王最喜爱的笛子。琴室壁上挂着名画家门尔采的油画《横笛音乐会》，这幅油画生动地再现了那时的宫廷音乐生活。据说弗里德里希二世习惯于每晚 7 时在这里举行小音乐会。会上，有时他一人兴致勃勃地吹奏横笛。

值得一提的是，桑苏西宫的东侧有珍藏 124 幅名画的画廊，多为文艺复兴时期意大利、荷兰画家的名作。

采茨利霍夫宫

波茨坦的采茨利霍夫宫因为举办过波茨坦会议而世界闻名。

采茨利霍夫宫建于 1913 年到 1917 年，是普鲁士王室最后建造的一座宫殿。这座宫殿是德皇威廉二世为他儿子和儿媳修建的，并以儿媳采茨利霍夫的名字命名。采茨利霍夫宫共有 176 间厅室，采用的是英国乡间别墅的式样。宫内有一间贝厅，墙上和地上都满嵌着美丽的贝壳和宝石，极具特色。

在采茨利霍夫宫的正面大厅，是举办波茨坦会议时英美苏三国签约的地方，这间大厅至今仍保持着当初的模样。大厅中央置一大圆桌，桌上插着三面精致的小国旗。绕桌分放三把大扶手椅，分别是斯大林、杜鲁门和丘吉尔的座椅。每把扶手椅之间放着四把靠背椅，是与会三国其他高级官员的位置。大厅内的椅套、台布、地毯一色朱红，为大厅增添一层隆重悦目的色彩。

采茨利霍夫宫外观是赭墙红瓦，四周林木葱郁，碧草如茵。

波茨坦还有古里尼凯宫、沙尔劳腾霍夫宫和巴贝贝尔克宫三座宫殿，它们都是建筑史上的杰作。

孔雀岛与鲁斯特庭院

孔雀岛位于哈弗尔河中，因为上面养了很多孔雀而得名。1795 年起，这里先后修建了具有罗马风格的宫殿以及玫瑰园和橡树林。腓特烈威廉二世曾在这里金屋藏娇，不幸的是，他英年早逝，没能与情人在此地长相厮守。到了腓特烈威廉三世时期，孔雀岛成了一处独具特色的自然保护区。保护区内有很多鸟儿飞来飞去，受到了很多游园的人们的喜爱。

波斯坦的另一处庭院是鲁斯特庭院，该庭院围绕着桑斯西宫而延伸开来，庭院内部有狩猎场、菜园和草坪。

▲采茨利霍夫宫

残疾军人收养院新教堂

残疾军人收养院新教堂，这座威严、庄重的教堂是古典主义建筑代表作。在形式上，这是一座悼念为皇帝流血牺牲的军人的教堂，但其实是一座彻底按古典主义建筑原则建造的宗教建筑，是歌颂路易十四国王的。

建筑特点

17 世纪中叶是法国专制君王路易十四当政时期。在建筑上，路易十四特别喜好古罗马帝国建筑的宏大、严谨和气势煊赫的风格，他要求法国建造的建筑都要具有这种风格。

为了迎合路易十四的喜好，法兰西艺术学院的一批御用建筑师们就从古罗马建筑中寻找“武器”，提倡复古，创建出一套迎合路易十四心意的建筑体裁、格式和规则。建筑史上的“古典主义”就此形成了。古典主义建筑对后代建筑艺术的影响很深远。

▲残疾军人收养院新教堂外观

残疾军人收养院新教堂位于法国巴黎市内，建于 1680 年到 1691 年，就是一座彻底按古典主义建筑原则建造的宗教建筑。残疾军人收养院新教堂的外形很紧凑、很完整。新教堂的正立面朝南，背对着旧教堂。新教堂的平面是一个正方形。新教堂正中就是一个中央大厅，大厅四角是四个大石墩子，每个大石墩子中央都有一个开口，每一个开口都可以通往中央大厅四角上的四个小礼拜室。

从外面看教堂，最引人注意的是高耸的穹顶。穹顶由木骨架搭成，上面覆着铅板。穹顶的顶上冠以一个高高的顶塔，顶塔上是一支十字架。穹顶下面是一个高高的鼓座，鼓座的周围是一圈完全按照柱式规则建造的爱奥尼柱式的双柱。

在教堂内，四个大石墩子支撑着穹顶。穹顶本身有三层，最里面一层高 53.3 米。顶上正面有一个大圆洞，直径大约有 16 米。从圆洞望上去，可以看到第二层的穹顶，它的内壁画满了画。这一层穹顶的底部，开了许多窗子，光线从窗子里照射进来，使画面极为生动逼真。这里创造出一种新的、更为生动的建筑艺术形象，这种建筑艺术把罗马潘泰翁神庙的开洞穹顶和 17 世纪初意大利教堂穹顶内壁的天顶画这两种建筑艺术手法结合起来了。

穹顶的下面修建了一个圆形的大理石池子，池子中央放着 18 世纪法国资产阶级革命的领袖拿破仑的棺材，给这座教堂增添了不少历史的色彩。

古典主义建筑的原则

残疾军人收养院新教堂这座威严、庄重的教堂是古典主义建筑代表作。在形式上，这是一座悼念为皇帝流血牺牲的军人的教堂，但其实就是一座彻底按古典主义建筑原则建造的宗教建筑，是歌颂路易十四皇帝的。那么，古典主义建筑的原则到底有哪些内容呢?

概括地说，有以下两方面：

第一，强调中轴线、主从关系对称。建筑物在设计时必须有一个中央大厅，作为建筑物的主要空间。

第二，强调柱式。即支撑建筑物的是一套 15 世纪时意大利著名建筑师维尼奥拉所制定的古希腊、古罗马的柱式。这些柱式一共有 5 种，它们的名称是：塔司干、陶立克、爱奥尼、科林新和混合式。每种柱式的各部分之间都有严格的数学关系。这些柱式的来源、形式、比例和表达的性格特征都有明确的要求。

▲古典主义的柱式建筑

但是，两方面的原则囿于旧规，故步自封，太概念化了。建筑创作本来是充满生机和想象力的，这两方面却束缚了建筑师的手脚，让古典主义建筑走向了一条毫无发展的邪路。20 世纪初，欧美各国新一代的建筑师在新的科学技术基础上建立起了一套全新的建筑艺术观念，自此，古典主义建筑走向没落。

维尼奥拉

维尼奥拉（1507 ~ 1573 年），意大利文艺复兴时期著名的建筑师与建筑理论家。1562 年，他发表了阐述文艺复兴晚期以及后来古典复兴、折衷主义建筑的古典法式的名著《五种柱式规范》。晚年，他曾到法国工作过，对法国文艺复兴建筑也产生了很大的影响。维尼奥拉不仅擅长建筑设计，也从事过许多园林创作。卡普拉罗拉的法尔尼斯府邸、巴尼亚亚的朗特别墅与水景园等是他的代表作。

斯坦尼斯瓦夫广场

“像威尼斯的圣马可广场那样美丽，像布鲁塞尔的大广场那样宽阔，像巴黎的协和广场那样经典。”这是人们对斯坦尼斯瓦夫广场的由衷赞誉。斯坦尼斯瓦夫广场是世界上最精致的城市广场。斯坦尼斯瓦夫广场曾遭到损坏，但很快遭到修复。修复这座广场的人自豪地说：世界上没有什么东西能像斯坦尼斯瓦夫广场那样，镀金的铁器如此光辉灿烂。

广场的建设者

在法国东部洛林省的南锡市，有一个闻名于世的斯坦尼斯瓦夫广场。它被称为世界上最精致的城市广场，人们称赞它“像威尼斯的圣马可广场那样美丽，像布鲁塞尔的大广场那样宽阔，像巴黎的协和广场那样经典。”

▲斯坦尼斯瓦夫广场

广场是以斯坦尼斯瓦夫一世的名字来命名的。斯坦尼斯瓦夫·莱什琴斯基（1677 ～ 1766 年）虽然是波兰国王，却是一个政治傀儡。1702 年，瑞典国王查理十二强迫波兰贵族废黜波兰国王奥古斯都二世，把斯瓦尼斯瓦夫扶上王位。后来俄军打败瑞典国王查理十二，奥古斯都二世重新登上王位。斯坦尼斯瓦夫不得不定居法国，1725 年法王路易十五娶了他的女儿玛丽·莱什琴斯卡。

这个广场是斯坦尼斯瓦夫于 1755 年建造的，其目的是为了庆祝他的法国女婿路易十五的业绩。

精雕细琢的杰作

斯坦尼斯瓦夫广场是一组和谐对称的建筑群，包括一座有古希腊科林斯式圆柱的市政厅大厦，一座巴洛克式的凯旋门，6 个古典式的楼阁和喷泉。水池中海神尼普顿的雕像是雕塑家巴泰勒米·吉巴尔的作品。在雕塑中，海神尼普顿手持三叉戟，威风凛凛。整个广场造型体现出了设计者埃马纽埃尔·埃雷高超的技艺，在典雅和谐中不失威武与雄健。

整个广场最引人注目的是花边状镀金铁制工艺品的装饰物。在花边状镀金铁制工艺品的点缀之下，银光闪闪的喷泉金珠四溢，建筑的平台乃至天窗、灯笼式屋檐则是华光溢彩、玲珑剔透。

这些装饰物是由波兰王室铁匠让·拉穆尔倾注了毕生的心血精心制作的。

修建后重获新生

在法国大革命时期，这座广场上的建筑群曾几次遭到破坏。到 20 世纪 70 年代，更是满目疮痍，昔日用大鹅卵石铺成的广场成了停车场，往日的辉煌消失殆尽，鸟粪腐蚀了的王室纹章里筑巢。法国南锡市和法国历史纪念馆办公室筹集了 300 万美元，并花费 8 年时间加以修复，斯坦尼斯瓦夫广场获得了新生。

▲市政厅大厦

在修建过程中，恢复拉穆尔的花边状镀金铁制工艺品是一个严峻的考验。一位铁匠研究了拉穆尔大师的回忆录和图纸长达 5 年之久，这才重新创造了拉穆尔大师的古代压花模具和技术。他与 12 名金属工用 10 吨生铁制成约 2 万片镀金铁器饰物。这些闪亮的镀金铁器倾注了金属工们的全部心血和汗水，是他们智慧与辛劳的结晶。饰物上的每一片叶、每一个小装饰都是一个精美绝伦的工艺品。当工程完成之时，就有人说这些金属工连胡须上都沾上了 23K 金在闪光。

正因为是如此精致，1983 年，联合国教科文组织世界遗产委员会将斯坦尼斯瓦夫广场列入《世界遗产名录》。修复这座广场的人自豪地说：世界上就没有东西能像斯坦尼斯瓦夫广场那样，镀金的铁器如此光辉灿烂。

奥科斯丁设计芬兰堡

芬兰堡建在赫尔辛基外海上的三个小岛上，是瑞典军官奥科斯丁的杰作。芬兰城堡是世界上不可多得的海上军事遗迹，里面还有教堂、军营、城门等名胜古迹，也是芬兰最重要的景点。

设计者奥科斯丁

芬兰堡位于赫尔辛基南面大黑岛、小黑岛和狼岛3个岛屿上，扼制着从芬兰湾进入赫尔辛基的海上要道，是古老的海防要塞。

芬兰堡的设计者是18世纪下半叶的一位瑞典炮兵军官奥科斯丁，他出身于贵族家庭，有着良好的家庭背景。奥科斯丁在35岁左右的时候，开始了芬兰堡的设计计划。起先，他计划在靠近赫尔辛基附近的一系列岛屿上修建一圈链式连接的防御性城堡。在奥科斯丁逝世的那一年，链式防御城堡基本修建完成，然而接下来的工程，在他的有生之年却根本没有正式施工，这是让人觉得很遗憾。直到十八世纪末，芬兰堡的修建才最终圆满完成。

▲芬兰堡远景

▲芬兰堡近景

经历了沦陷与独立

奥科斯丁修建芬兰堡的一个主要原因在于防御俄罗斯人对瑞典芬兰堡的入侵。

不幸的是，随着瑞典军事力量的逐年衰退，到1908年，驻守芬兰堡的瑞典军队向俄罗斯投降。芬兰从此以后沦落为沙皇俄国统治下的一个半自治的公国，直至1917年，十月革命后爆发，芬兰才又成为一个完全独立自主的国家。这一期间，芬兰堡由于其显著的地理位置，在克罗地亚战争中，英国人率领的舰队对其炮击，并占据了城堡。

1918年芬兰独立后，芬兰人重新收回了这座城堡，并命名其为芬兰堡。同在那一年，由于芬兰国内激进党派和保守党派之间发生激烈的大规模冲突，许多激进党派的成员被捕，被监禁在芬兰堡里。由于芬兰堡条件比较恶劣，很多被监禁的激进党派成员死于营养不足和疾病。今天的芬兰堡已不再弥漫着战争的硝烟和血腥，在1991年，芬兰堡被联合国教科文组织列为世界遗产保护区。

▲巴黎歌剧院外景

▲巴黎歌剧院内景

第六章
工业革命的现代建筑萌芽

随着工业革命的发展，一大批新材料、新技术开始应用到建筑中来，所以建筑的形式由此也变得更加多样化。

这一时期的折衷主义建筑思潮是以巴黎歌剧院为代表的。它是拿破仑三世统治法国时期修建的歌剧院。它是欧洲规模最大、设计最周到、室内装修最豪华的歌剧院。

英国水晶宫是为英国博览会而建造的，被誉为 19 世纪的第一座新建筑。它从根本上改变了人们对建筑的传统观念，揭开了现代建筑的序幕。

埃菲尔铁塔是世界上第一座钢铁结构的高塔，是世界建筑史上的一个创举。它代表着建筑新美学的兴起。它以空前的高度、昂扬挺拔的气势和全然不同于欧洲传统石头建筑的新颖形象横空出世。

博览会造就英国水晶宫

英国水晶宫被誉为19世纪的第一座新建筑。有人陶醉地追忆说，徜徉水晶宫中的感觉，如同是“仲夏夜之梦”，让人忘了身外世界。英国的水晶宫从根本上改变了人们对建筑的传统观念，揭开了现代建筑的序幕。这是因为英国的水晶宫主要由铁架和玻璃构成，晶莹剔透、宽阔轩敞，使人耳目一新，叹为奇观。要知道，在19世纪之前，欧洲的建筑都是由厚重的石头砌成，水晶宫揭开了现代建筑的序幕。

帕克斯顿的救急方案

英国水晶宫被誉为19世纪的第一座新建筑，是英国专门为1851年在伦敦举行的第一届世界工业产品博览会而设计建造的展览馆。

关于水晶宫，还有一段故事。在1850年，当时的维多利亚女王和她的丈夫阿尔伯特公爵为了显示英国工业革命的成果和推动科学技术的进步，决定在伦敦海德公园举行一次国际博览会。但展会大厅的设计方案却一直没有着落，眼看着距离博览会召开只有不到一年的时间，筹委会非常着急，他们向世界各地的建筑师征集回的245个方案却都不能满足要求，其原因是这些方案没有一个能够快速地将展会大厅建造出来。也就说，展会大厅这样大的工程根本就不能在余下的9个月内完成。因此，筹委会陷入了一个非常尴尬的境地。

一位名叫帕克斯顿的人拿出的设计方案引起了筹委会的注

▲当时博览会的盛况

维多利亚女王

维多利亚女王（1819～1901年），她是第一个以“大不列颠和爱尔兰联合王国女王和印度女皇”名号称呼的英国君主。是英国历史上在位时间最长的君主，在位时间长达64年。她在位时期是英国最强盛时期。她统治时期，英国加大侵略扩张力度，在世界范围内建立和占领了无数殖民地。这期间，君主立宪制得到充分发展，使维多利亚女王成了英国和平与繁荣的象征。

意。这个方案就是用生铁搭建出一个梁柱屋架，然后通体镶嵌上玻璃，不需要任何的砖瓦、木材，可以快速建成，完全符合博览会的要求，而且整个建筑覆盖面积很大，而且也可以方便地拆去。当评委们看到这个方案时，不禁目瞪口呆，和以前的方案相比简直是匪夷所思，好多人当即就否定了。但这个方案却可以解决当时最棘手的时间问题。可以直接在工厂按尺寸加工建筑物所需的生铁骨架和玻璃，然后直接拉到工地上，再像搭玩具一样组装起来就可以完成了。这些预制的构件，无须太多时间和人力，既快又便宜。帕克斯顿的方案经过一番争议，最后因其方便快捷的优点，被筹委会接受了。于是，几家工厂共同制作，生产出了3300个铁柱子、2224根铁梁、300000块玻璃板和330千米长的木条，完成了搭建房屋所需要的材料准备。

▲水晶宫外观

▲英国水晶宫设计效果图

帕克斯顿在水晶宫的大铁梁上开了一些槽子，使滑轮车把一块块玻璃，沿着槽道上上下下，轻捷地运送到装配工人手里。这将传统工程建设中的繁复工作简化为单纯地安装预制件，大大缩短了工期，于是仅仅8个月时间就奇迹般地全部完工了。在1851年5月1日，第一届伦敦世界博览会终于如期开幕。

当时世上最大的单房建筑

水晶宫是一个阶梯状的长方形建筑，造型简单，大气磅礴。外面是由一系列细长的铁杆支撑起来的网状构架和玻璃墙面组成，顶部是一个垂直的曲面拱顶，下面有一个高大的中央通廊。它长为563米，宽124.4米，高20.13米，建筑面积7万多平方米，是当时世界上最大的单房建筑。

▲水晶宫内部

水晶宫共用去铁柱3300根，铁梁2300根，玻璃9.3万平方米。竖立的柱子的间距为2.4米，据计算水晶宫所有的柱子和墙身仅占建筑面积的千分之一，整个建筑简洁利落，通体透明，宽敞明亮，在阳光的照耀下显得晶莹多彩，所以后来人们就把这个展览大厅称为“水晶宫”。中国清朝一位官员在参观后评论说：“一片晶莹，精彩炫目，高华名贵，璀璨可观。”

当年的博览会吸引了来自世界各地的600多万参观者，人们置身在水晶宫广阔透明的空间里，感觉十分奇怪，其璀璨新奇的艺术效果轰动一时。随后欧洲相继举办的博览会，为了解决陈列和采光问题，几乎无一例外地都采用这种铁架玻璃结构。

展览会结束后，水晶宫被拆开，材料被运到伦敦南部肯特郡塞登哈姆的一座精致的园林中，进行了重新组装。它成为一个举行各种演出、展览会、音乐会和其他娱乐活动的场所。

如今我们现在只能从照片和图画中凭吊它的风采了。这是因为，1936年11月30日晚，一场大火将水晶宫毁于一旦。

水晶宫不曾使用一砖一石，全部由玻璃和铁制成，在当时那个年代，却成了很多人眼里不伦不类的怪物，在水晶宫诞生的年代，人们的建筑观念还停留在古典的希腊立柱、哥特式拱形等传统模式上，许多人看到它基础不牢固，没有挡风措施，梁柱构架缺乏刚性，从形式上和所谓工程测试方法上都预言水晶宫过不了多久就会倒塌。

英国水晶宫的建造在建筑史上具有划时代的意义。19世纪以来钢材、砼等新材料的运用，使得有关建筑的所有想法都似乎成为可能。技术为建筑产品的新材料提供了直接来源；机器成了新建筑风格的塑造者；非专业的建筑师取代了原来建筑师的地位，成为建筑的革新者，新技术拓展的空间使这个时代的建筑师重新去认识建筑本身的内涵，开辟了建筑形式新纪元。

折衷主义建筑产生巴黎歌剧院

巴黎歌剧院是拿破仑三世统治法国时期修建的歌剧院。这家歌剧院创造了很多第一，它是在欧洲规模最大，设计最周到，室内装修最豪华。这类建筑在建筑史上就称为折衷主义建筑。这是一种既有古典精神，又有世俗风格，充满了繁琐装饰的建筑。巴黎歌剧院的门厅和楼梯厅是整个剧院中装饰得最富丽最豪华的地方，它光彩夺目，是不可多得的精品。

浮华的文化建筑

欧洲的古典小说中常有这样的描写，一位伯爵带着他高贵的夫人，来到歌剧院里观看演出。当他们出现时，顿时引起了观众的哗然，人们仔细打量，发出抑制不住的啧啧称赞声。伯爵的风度，夫人的衣着和首饰，无一不使他们倾倒。演出中间，观众还争先恐后地涌向包厢，或极尽恭维之词，或倾诉爱慕之情……这种场景经常出现在老派欧洲人的脑海里。

1861 年修建的巴黎歌剧院，就是拿破仑三世统治法国时期修建的一个供新兴的资

▲巴黎歌剧院外景

▲巴黎歌剧院水晶宫大厅

产阶级贵族和上流社会的伯爵、小姐享乐的文化建筑。这是欧洲修建规模最大，设计最周到，室内装修最豪华的歌剧院，它的设计者格林尔是一个折衷主义的狂热崇拜者。因此，巴黎歌剧院也是一个著名的折衷主义建筑代表作。

▲巴黎歌剧院的楼梯

折衷主义的建筑风格

巴黎歌剧院正面是一排宏伟的柱廊，观众可以经过两侧的入口进入剧院的门厅及门厅后的楼梯厅。中央和两侧都有大楼梯，两侧的大楼梯可通往各层包厢，中央的大楼梯可通向观众厅的池座。整个剧院中装饰得最富丽最豪华的地方是门厅和楼梯厅，这是不可多得的精品。

歌剧院的观众厅平面是一个马蹄形。不论是从室内音响效果还是从视线条件上来说，这种马蹄形都是歌剧院最好的一种平面形状。观众厅的池座加包厢一共可以容纳 2150 名观众。池座部分宽 20 米，深 28.5 米，池座的地面是有坡度的，越到后面越高。池座的三面是四层重叠的包厢，包厢很深，有里外两间，外间是休息室，兼作社交待客用，里间才是用来看歌剧的。池座和正面包厢的视线很好，但两侧包厢的视线就差了。当时的歌剧以唱为主，表演动作很少，绝大部分时间演员都站在台口唱，视线再差，也不影响欣赏歌剧。那些豪华的包厢，只有皇室的贵族们才有资格享用，小贵族和一般的上等人只能在池座，所以说，包厢的差异鲜明地反映了当时严格的封建等级制度，穷苦的百姓们就根本没有进入这座剧院的资格。那些上层人物上歌剧院，主要是为了显示自己的身份，并非完全为了听歌剧。很多上层人物还携带自己高贵的夫人或美貌的情妇来歌剧院，进行各式各样的社交活动。总的来说，巴黎歌剧院马蹄形的观众厅是一个伟大的创举，对后来的剧院建筑确有着示范的作用。

巴黎歌剧院的舞台宽 32 米，深 27 米，非常宽敞。台面部分宽 16 米，高 13.57 米，台面比观众厅高出 0.95 米。巴黎歌剧院还是第一个把舞台的山墙暴露出来的歌剧院，因为山墙太难看，以往的剧院建筑都不愿意把这一部分暴露出来。有了巴黎歌剧院的先例，此后的剧院也逐渐习惯这样设计了。

巴黎歌剧院的舞台后台设计十分讲究，有许多演员用的化妆室，还有一条坡道，可以让运送布景的车辆一直开进剧院内的房子里来，甚至还附有专用的浴室和厕所等。

此外在楼梯厅的后面，有一个圆形大厅、一个休息厅和一些休息廊，这些空间安排在观众厅池座的下面，这是为上层人物设计的，是他们在歌剧幕间休息时进行社交活动的场所。

歌剧院的室内室外装饰是一种既有古典精神，又有世俗风格，充满活力的繁琐装饰。例如它的立面的装饰就是一种被叫作“洛可可”的极其繁琐的卷曲草叶花纹装饰和意大利古典建筑风格的柱列和雕像的混合物。在建筑史上，这类建筑被称为折衷主义。折中主义集中体现了上层阶级对财富的夸耀和尽情享受的心情。

洛可可式建筑

洛可可式建筑风格，表现了没落贵族阶层颓丧、浮华的审美理想和思想情绪，是在欧洲封建贵族文化的衰败的背景产生的。这些欧洲贵族追求华美和闲适，他们受不了古典主义的严肃理性和巴洛克的喧嚣放肆。洛可可式得名于建筑师、装饰艺术家马尔列，1699 年，他在金氏府邸的装饰设计中大量采用这种曲线形的贝壳纹样，获得了众人的好评。其建筑风格不像巴洛克风格那样色彩强烈。室内装饰应用明快的色彩，家具也非常精致，甚至精致得有些繁琐。其装饰细腻柔媚，喜欢用弧线和 S 形线，并不追求对称。在装饰设计中，尤其爱用贝壳、旋涡、山石作为装饰题材，缠绵盘曲，连成一体，自成一格。天花和墙面有时以弧面相连，转角处往往会布置壁画。

历经千辛的自由女神像

自由女神像矗立在纽约的哈德逊河。女神头戴光芒四射的冠冕，双唇紧闭，象征着世界七大洲及四大洋的七道尖芒。她身着罗马古代长袍，左手紧紧抱着一部书板，上面刻着《独立宣言》发表的日期“1776.7.4”字样，右手高擎长达 12 米的火炬。

屹立在哈德逊河

在美国纽约的哈德逊河口的自由岛，屹立着自由女神像。这座雕塑作品总高 92.95 米，重量为 225 吨。自由女神像由三部分组成的，分别是 19.8 米高的底基、27.1 米高的底座以及 46.05 米高的铜像。

▲自由女神像全景

女神头戴光芒四射的冠冕，双唇紧闭，象征着世界七大洲及四大洋的七道尖芒。她身着罗马古代长袍，左手紧紧抱着一部书板，上面刻着《独立宣言》发表的日期“1776.7.4”字样，右手高擎长达 12 米的火炬。美国女诗人埃玛·娜莎罗其的那首脍炙人口的诗镌刻在花岗岩构筑的神像基座上：欢迎你的到来，那熙熙攘攘的被遗弃了的人们，那些疲乏了的和贫困的、渴望自由呼吸的大众，那些无家可归的饱受颠沛的人们，我手举着自由的灯火来迎接你们！

雕塑者巴托尔迪

19 世纪后期，一位名叫弗雷德里克·奥古斯特·巴托尔迪的才华横溢的雕塑家创作了自由女神像这一艺术杰作。巴托尔迪 1834 年出生在法国的一个意大利人家庭。在青年时代，他就在脑海里深深地刻下了自由女神的形象。那是在 1851 年，路易·拿破仑·波拿巴发动政变，推翻了第二共和国，面对坚固的防御工事，一个年轻姑娘手持熊熊燃烧的火炬，跃过障碍物，高呼“前进”的口号向敌人冲去，但不幸，姑娘倒在血泊中。巴托尔迪亲眼看见了这一过程，这之后，这位高攀火炬的勇敢姑娘，就成为他心中自由的象征。

1865年，由法国人民捐款，巴托尔迪决定塑造一座象征自由的塑像，以作为法国政府送给美国政府的礼物，庆祝美国独立100周年。有趣的是，巴托尔迪接收任务后没多久，在一次婚礼上同一位名叫让娜的姑娘邂逅，巴托尔迪认为让娜长得美丽端庄，仪态万方，让她来为“照亮全球的”自由的神像雕塑做模特十分相称，让娜就这样答应了。在雕塑过程中，这对男女之间产生了纯洁的爱情，最终结为夫妇。

1869年，巴托尔迪设计完成自由神像的草图，便开始全心全意地投入雕塑工作。这里面还有一个小插曲，巴托尔迪曾去美

▲近观自由女神像

巴托尔迪

巴托尔迪（1834～1904年），法国著名雕塑家，美国纽约著名的自由女神像的作者。他出生于阿尔萨斯。他最著名的作品当数自由女神像。他是个多产的雕塑家，创作了很多雕像作品。他的雕像作品“拉法耶特抵达美国”及“拉法耶特和华盛顿纪念碑”都矗立在美国纽约。

▲自由女神像全景

国争取美国人支持他的塑像计划，但收效甚微，美国人还没有意识到这一礼物的珍贵。

获得美国人接受

1876年，巴托尔迪终于让自由女神像获得了美国人的认可。当时他正在参加在费城举行的庆祝独立100周年博览会，他把自由女神执火炬的手在博览会上展出，引起了一场轰动。这只手很大，仅食指就直径1米多，长达2.44米，指甲厚25厘米，甚至在火炬的边沿上可以站12个人。几天前还鲜为人知的雕塑品经过这场展出，顿时身价百倍，成为美国人人渴望的艺术珍品。不久，美国国会便顺应民意，顺利通过决议，正式批准接受自由女神像的请求，贝德罗岛（后改名自由岛）也被确定为安放女神像的地点。

一家公共福利基金会筹集了15万美元，用于安放自由女神像。他们想用这笔钱在曼哈顿对岸的贝德罗岛上建好塑像的基座。但遗憾的是，这些钱远远不够。如果没有别的捐款，这个工程可能就要停顿。

普利策，这位拥有纽约《世界报》的报业大亨，出于对自由的崇敬，同时也为了商业目的，为了扩大报纸的影响，他在报纸上发动了一场声势浩大的为建造自由女神像基座募捐的运动。

普利策文笔很好，他在《世界报》头版社论里指出，自由女神像无处安身“对纽约市，是一种难以洗刷的耻辱！现在能够拯救女神的唯一办法，就是我们自己筹款。不要期待百万富翁能够捐款，因为自由女神不是法国百万富翁送给美国百万富翁的礼物，而是全体法国人民给全体美国人民的心意。”

普利策的言辞感动了美国公众，此后普利策的《世界报》又不断刊出的建筑塑像的消息和言论，为这个事件造势，并把美国老百姓的这种感动的情绪推向高潮。普利策为了呼吁大家捐款，自己带头捐了250美元。

普利策的舆论攻势效果明显，《世界报》计划为塑像筹集10万美元，然而在4个月内，他们就筹集了7.5万美元，先后有12万美国民众参加了这次募捐，表达对自由女神这一伟大形象的敬慕。这些人捐款的数目，从5分钱到250美元数目不等。雷维斯曾有这样的描述：“一个报纸竟然带动了一个民族的热情，这真是奇迹……每天我都能看到募捐运动中感人的新事。”

▲自由女神像内部旋梯

女神像的构成

1885年6月，自由女神像的雕塑完成。法国运输船“叶塞莱”号运载着210箱自由女神塑像主件抵达美国。这时候，《世界报》已为自由女神像筹集资金10.109万美元。

资金的充裕，保证使塑像的安装得以顺利进行。75名工人参加自由女神像的安装。组装工作用了半年时间，仅铆钉就用了30万个。如此高大沉重的女神，还要经得起强劲的海风，不安装稳固是不行的。法国著名建筑师埃菲尔设计女神像的支承钢架系统，内部分为22层，电梯可达铜像脚底的第1层。往上是由171级踏步组成的螺旋梯，爬上楼梯可到达铜像头顶的额部瞭望室。通过窗孔，能够尽情饱览美丽壮阔的曼哈顿岛景色。

1886年10月中旬，自由神像的安装工程终于全部完工，美国总统亲自参加自由神像揭幕典礼并发表了讲话。无数美国民众怀着激动的心情，簇拥在神像周围，企首仰望着自由女神像第一次露出她庄严的面容。

如今，自由女神像矗立在纽约的哈德逊河口，它以自己超群卓绝的风姿，每年吸引着无数世界各地慕名而至的游客。然而，自由女神像经历了百年沧桑后，已明显腐蚀和损坏。纽约有关当局筹集巨款，进行了大规模的全面整修。1986年7月4日，自由女神像以崭新的容颜迎来了她的百岁纪念日。

▲自由女神像远景

高迪建造神圣家族教堂

建筑大师高迪是个天才，他用巧夺天工的建筑为巴塞罗那涂上了一抹神秘奇异的色彩。看过神圣家族教堂，你就等于欣赏到了欧洲所有风格的教堂，因为它是博采众长的经典之作，既有哥特式的宏大壮美又有异域的特别风味。

高迪呕心沥血之作

神圣家族教堂位于西班牙加泰罗尼亚地区的巴塞罗那市区中心，这个教堂高耸云端，俯瞰大地，是西班牙巴塞罗那标志性建筑。该教堂始建于1882年，但仍没有完工，目前还在修建中，有关部门预计，到2050年，估计能够竣工。神圣家族教堂尽管还是一座未完工的建筑，它却是世界上最引人注目的景观之一。它造型奇特，被称为未完成的纪念碑。教堂幽深的尖顶、高耸的石柱，使人联想到童话王国，有着惊心动魄的魔力，威严中不乏诙谐，庄严中带有轻松。

▲安东尼奥·高迪

西班牙现代派建筑大师安东尼奥·高迪设计了神圣家族教堂。高迪经常将传统与现代融为一体，创造出奇幻怪异、不同凡响的另类建筑风格，并因此成为西班牙最有名的建筑师，在世界建筑史上也极负盛名。

高迪因沉迷创作而终身未婚，将毕生都倾注于神圣家族教堂上了，他为了全心专注于神圣家族教堂的建设，还推掉了许多赚钱的工程。为了筹钱兴建神圣家族教堂，这位天才建筑师曾当街乞讨。高迪生前清贫，死后却留下了价值连城的文化财富。高迪自接手设计神圣教堂后，一直潜心研究，力求建造出最完美的教堂。神圣家族教堂历时42年仍未最终完成。

高迪

安东尼奥·高迪（1852～1926年），1873年在加泰罗尼亚省立建筑学校学习，于1878年毕业，取得建筑师执照。此后至死，他几乎都在巴塞罗那工作生活，未曾离开。高迪虽受英国大师罗斯金自然主义学说和新艺术风格的影响，但他心中那股浓烈的加泰罗尼亚的民族意识，却与他的作品密不可分。毕业后初期作品近似华丽的维多利亚式，后采用哥特复兴的风格。他的作品很多，除神圣家族教堂外，还有米拉公寓、古埃尔公园等。

这个教堂自1884年开始动工，直到1926年高迪不幸遭遇车祸离世，教堂也没有完工。但这座教堂如此宏大壮美，如此精雕细琢，如此令人震撼，有着无与伦比的艺术魅力和惊心动魄的冲击力。它已成为巴塞罗那乃至西班牙最重要的保护文物。

▲神圣家族教堂外部

神圣家族教堂一开始，并不由高迪设计，而是由巴塞罗那另一位建筑师负责设计，这位设计师水平有限，他的设计以传统的直线条为主。高迪接手教堂时，工程已建到了一定的规模。高迪认为直线属于急切、浮躁的人类，便从大门口的轮廓线起，全部改用曲线。他认为，曲线这种最自然的形态才属于上帝。高迪建造神圣家族教堂，花费的时间十分漫长，因为这座教堂以手工艺的方式精心打造。神圣教堂展现了西班牙本土风格，并融合了基督教风格与阿拉伯的色彩。

据说高迪接受教堂工程后，脑海里对此建筑的构想没有定稿，开工以来，他边设计边施工，逐步完善他的创造性的构想。按照高迪的计划，教堂要建造 3 个门、18 个竹笋状尖塔，到 1926 年高迪去世时，教堂只完成了 3 个圣殿正门中的一个基督诞生门和 8 个尖塔。

一个多世纪尚未完工

高迪逝世后，西班牙又爆发了内战，该工程便再无人问津。直到西班牙内战结束，就神圣家族教堂是否续建的问题，西班牙的建筑学界和天主教会展开了一场大辩论。最后通过投票表决，神圣家族教堂得以续建，建造工程延续至今，始终未完工。

▲神圣家族教堂细部

神圣家族教堂历经一个多世纪尚未完工，其原因除建筑设计复杂之外，资金匮乏也是一个因素。神圣家族教堂的建设资金主要来源于门票收入和企业及信徒的捐款，这些捐款很少。就是因为资金少，高迪设计的表现耶稣受难的170米高的尖塔及其顶端的十字架目前尚无法修建，如果该塔建成，将是巴塞罗那最高的建筑。

高迪在世时建造的圣诞门，在神圣家族教堂已建成的部分中，可谓最具代表性的建筑物之一，圣诞门建筑难度极高，整个门墙上坑坑洼洼，分布着表现耶稣诞生的雕塑。圣诞门旁的受难门是后人所建，尽管雕塑功力不浅，无论从艺术上还是建筑技术上看，新建的部分与圣诞门相比，都显得十分苍白。所以有人苛刻地说，高迪之后的续建都是狗尾续貂。这也给当代建筑学家留下了一道难题，那就是如何完美地再现高迪的风格。

处处都有神来之笔

高迪在生前一直追慕欧洲中世纪哥特式建筑的宏大风采，所以在这座教堂里他也保留了哥特式的长窗和钟塔，但高迪灵活创新，运用弧形来平衡、舒缓哥特式的严谨与刻板，钟塔的造型类似于旋转的抛物线，这样的结构也是极富于创造性的，可以使钟塔看起来无限向上，形成类似哥特式却更突显的视觉效果。

高迪还特别关注细部的处理，在角落地带，处处都有神来之笔，散布于建筑的每个角落的是他精心设计的各种植物、动物的浮雕以及人物雕像。

在巴塞罗那任何一个角落都可以看见，那8支像玉米一样的尖塔，参差错落、直

▲神圣家族教堂内部

插云端。塔身表面凹凸不平，十分奇特。每个塔尖上都有一个围着球形花冠的、由色彩缤纷的碎瓷砖拼成的十字架，十分明丽。搭乘电梯可登临塔 90 米处的观望台，从这里可以鸟瞰巴塞罗那市景，这空间极其狭窄，只容一人通过。但在观望台上，身处在众高塔环绕中，这些塔都可以伸手可及。高迪一直崇尚自然，教堂的高大内柱有的被设计成竹节状，节节向上，顶部也呈竹叶状。所以，在大教堂中漫步，会有踏入原始森林之感。

大教堂的外墙上雕刻着浮雕，浮雕的内容讲述的都是圣经里关于耶稣诞生、受难及升天的故事。每个雕塑都是高迪的心血。雕刻和雕像都采用写实的手法，人物表情、动作刻画得栩栩如生。如果仔细观看，则可见那些神态安详的宗教人物，被环绕于蜥蜴、蛇之类的动物之中。高迪本人设计完成了基督诞生门，就坐落在前面。

“圣诞门”后面就是死难之门，该门是后人在高迪去世后续建的，使用的是典型抽象派手法。

进入教堂的内部，处处充满了隐喻和象征，里面的窗户代表着各教派的创始人，柱子代表着拉美各大主教。教堂里装饰着各式动物、植物的雕塑，呈现出欢快而神秘的天国气氛。

这座大教堂怪异神奇，如那凹形的门洞、蚂蚁蛀空般的塔身及其他间隙的设计，充满了神秘的氛围。教堂闪烁的圆玻璃窗，也像鬼怪的眼睛，让人心惊胆战。走进教堂大门，仿佛走进了童话王国里的魔宫。

高迪满脑子奇思妙想，是个天才，用他匪夷所思和巧夺天工的建筑为巴塞罗那抹上了神秘奇异的色彩。

有人说，这个教堂是博采众长的经典之作，因为这个教堂既有哥特式的宏大壮美又有异域的特别风味。看到了这个教堂，等于欣赏到了欧洲所有风格的教堂。只有身临其境，才能真正感受高迪建筑的动人心魄之处。

▲神圣家族教堂远景

埃菲尔铁塔是建筑史上的创举

埃菲尔铁塔是世界上第一座钢铁结构的高塔，是世界建筑史上的一个创举。它代表着建筑新美学的兴起。它以空前的高度、昂扬挺拔的气势和全然不同于欧洲传统石头建筑的新颖形象横空出世。100 多年来，埃菲尔铁塔已经成为法国的骄傲。

建筑设计师埃菲尔

埃菲尔铁塔如同一艘蓄势待发、即将冲上蓝天的火箭，挺立在静静流淌的塞纳河旁。它势巍峨宏伟而又轻盈跃动，那巨大的基座稳稳地植于大地，高昂挺拔的尖顶直指云霄，有一种明快的节奏感，既流动着现代的气息，又深具古典的美感。

▲埃菲尔铁塔外观

埃菲尔

古斯塔夫·埃菲尔（1832 ~ 1923 年），法国著名建筑大师、结构工程师、金属结构专家。1855 年从巴黎中央工艺制造学院毕业。他是首先使用气压沉箱造桥的工程师之一。埃菲尔作品很多，包括巴黎博览会机器展览馆、纽约港自由女神像的骨架等。他大胆创新设计的埃菲尔铁塔，成为他的经典代表作，人们称他为“用钢铁创造了奇迹的人”。

1884 年，法国政府决定在巴黎市中心修建一座建筑物作为永久性纪念，以迎接世界博览会在巴黎的举行和纪念法国大革命 100 周年庆典。法国著名建筑设计工程师埃菲尔的 300 米高的镂空铁塔方案经过反复评选，最终通过。这座铁塔历时 18 个月建成，耗资约 780 万法郎。

埃菲尔铁塔的修建并不是一帆风顺的，在当时曾引起了轩然大波，各种指责之声不绝于耳。有人说它过于高高在上；有人说它外形粗鄙尖锐；还有人干脆直呼它是空心蜡烛台。包括莫泊桑、小仲马等贵族和名人联名发表请愿书，反对这个“怪物”。对此，埃菲尔据理力争地说：“我是一个工程师，我也关心美。我设计的四条符合计算数据的弧形支脚，一定会做到美观大方，给人留下深刻印象。”政府也顶住了重重压力，支持埃菲尔的工作，工程才得以进行。

第一次世界大战之后的几年里，法国政府还曾考虑拆除铁塔的铁架，把钢铁材料运到遭受战争破坏的地区兴建工厂。不过这一决定没有付诸实践。

工业革命的必然产物

▲夜幕下的埃菲尔铁塔

一个多世纪以来，经过种种风雨的考验，人们最终接受了埃菲尔铁塔，埃菲尔铁塔也因此成为巴黎最动人的一道风景。1964 年，法国政府将埃菲尔铁塔列为不得拆毁的历史遗迹。

埃菲尔铁塔是西方现代工业化发展的必然产物。从 18 世纪起，欧洲的一些工业比较发达的国家开始在建筑上使用新材料。到了 19 世纪，建筑中使用铁已相当普遍。商业博览会成为使用新建筑材料和打造新建筑形态的试验地，也促成了建筑审美观点的转变。埃菲尔铁塔的拔地而起，在世界建筑史上具有里程碑的意义。它打破了保持几千年的埃及金字塔的世界最高建筑物纪录，它最初建成时的高度为 300 米，相当于 100 层楼高。1959 年装上电视天线后达到了 320 多米，直到 1930 年，这一高度才被纽约的克莱斯勒大厦超过。

奇特的高空艺术造型

埃菲尔铁塔造型奇特，底部宽大，占地面积约为 10000 平方米，跨度达 2790 平方米，整体呈一个巨大的 A 字。铁塔底部有 4 个用钢筋水泥灌注的塔墩，用来支撑整个塔身。这是我们今天耳熟能详的钢筋混凝土结构第一次用在现代建筑上。埃菲尔铁塔的塔身全部是由钢铁构成，在距离地面 276 米处突然急剧收拢，向上延伸，直指苍穹。铁塔是用 250 万个铆钉将 1.8 万个精密度达到 1/10 毫米的部件连接起，工艺复杂精细，堪称一项杰作。

埃菲尔铁塔在施工时遇到了一系列高空作业带来的困难险阻。但埃菲尔的工程设计十分精准，成功避免了许多问题。工人在组装部件时，钻孔都能准确地合上，无须另外钻新孔。所以，埃菲尔铁塔在两年的工程施工中，从未发生任何伤亡事故，堪称奇迹。

铁塔一共分为三层，第一层高 57 米，有用钢筋混凝土修建的 4 座大拱门，第二层高 115 米，第三层高 174 米。每层都有一个平台，在上面可以远眺巴黎美景，各层之

▲高大的埃菲尔铁塔

间有一道铁梯互通。除了第三层平台没有缝隙外，其他部分全是透空的。从塔座到塔顶有电梯上下运送游人，十分方便，也可走楼梯，从塔座到塔顶共有1711级阶梯。埃菲尔铁塔的电梯原来使用的是老式水力升降梯，这种升降梯有一个毛病，一到冬天，水遇冷结冰，就不能使用了，如今埃菲尔铁塔安装的是新式双层电梯。埃菲尔铁塔的顶层设有多台望远镜，还配有幻灯片的说明介绍，是观赏整个巴黎都会风情的最佳地点。每逢天气晴朗，站在高高的塔顶，这里可以看到方圆70千米之内的景色，令人心旷神怡。

不断在完善

埃菲尔铁塔建成以后，因其高大，用途非常广泛。它是法国的气象台和电视台的发射塔。它还是一座商业大楼，内部设有饭店、酒吧间和杂货铺。塔内具有照明设备，静谧的晚上，埃菲尔铁塔灯火通明，景色十分秀丽，埃菲尔铁塔前装有的喷水池，经彩灯照射，在夜间会喷出七彩斑斓的水柱。

1980年，埃菲尔铁塔为了长期的使用和观赏，进行了一次自建成以来最大规模的改造。埃菲尔铁塔在这次改造中，将第二层混凝土平台改建成为钢板平台，减轻了1340吨的重量。二层又开设了一个大众啤酒馆，还特意建造了一个以铁塔的设计师命名的接待厅，用来组织学术会议和招待会。此外，为契合时代发展又开辟了一个现代化的视听博物馆，用来展示有关铁塔历史及建筑特色的影片与节目。

埃菲尔铁塔是世界上第一座钢铁结构的高塔，他以空前的高度、昂扬挺拔的气势和全然不同于欧洲传统石头建筑的新颖形象横空出世。远远望去，它是那样轻捷，又是那样辉煌，其建筑艺术令世人称颂。它是铁器文明的象征。

▲近观埃菲尔铁塔

第七章
西方的建筑实验

第一次世界大战结束后，欧洲处在经济复苏阶段。精雕细刻，耗时费力费财的建筑形式很难再适应社会的需求。建筑家所想的，就是建筑如何同迅速发展的科学技术相适应，满足越来越复杂的使用要求。德国建筑师格罗皮乌斯设计并督造的鲍豪斯学院，交出了一份圆满的答卷。鲍豪斯学院也因此成为现代建筑发展史上的一座重要的里程碑。

古根海姆美术馆的创新形式对以后的建筑形式也产生了不小的影响，现代化旅馆的中庭共享空间的设计，可以说是从古根海姆美术馆开始的。

巴西名城里约热内卢拥有着天堂般的美景，然而里约热内卢最具特色的建筑，还是屹立在科尔科瓦多山巅的、世界上最大的耶稣基督雕像。

流水别墅是现代建筑经典中的经典，在联合国教科文组织统计的百年世界著名建筑中，流水别墅名列榜首。它最奇妙之处在于它的大部分空间竟然是空悬在瀑布之上的。

鲍豪斯学院是建筑史的里程碑

第一次世界大战结束后，欧洲处在经济复苏阶段，随着社会节奏的加快，人们抛弃了精雕细刻，耗时费力的古典建筑形式。众多建筑家心中所想的，是建筑如何同迅速发展的科学技术相适应。德国建筑师格罗皮乌斯设计并督造的鲍豪斯学院，交出了一份圆满的答卷。鲍豪斯学院也因此成为现代建筑发展史上的一座重要的里程碑。

全新的建筑理念

1918年，第一次世界大战结束了，欧洲各国大力发展经济，慢慢地恢复了元气。美国在一战中没有受到战争创伤，经济实力异常雄厚。美国在战后初期，许多建筑式样仍然是按照古典风格建造的。可是，随着社会的发展，对建筑物的要求越来越复杂，建筑物的体积也变得越来越大，建筑技术也有了日新月异的变化，这时候新建的建筑，再套用古典建筑的式样，就显得越来越困难了。尤其对处在经济复苏阶段的欧洲来说，精雕细刻，耗时费力费财的古典建筑形式已经无法适应当时社会发展的节奏了。

▲鲍豪斯学院外观

当时众多建筑家心中所想的问题，就是如何把迅速发展的科学技术应用到建筑上，以满足建筑使用者越来越复杂的要求。当时，欧洲有一大批青年建筑师，他们思想敏锐，具有一定实践经验，敢想敢干，提出了比较系统而彻底的建筑改革主张。德国著名建筑师格罗皮乌斯就是他们中的一位，他设计的鲍豪斯学院，是现代建筑发展史上的一座重要的里程碑。

格罗皮乌斯认为，建筑不应当在形式上追求传

格罗皮乌斯

瓦尔特·格罗皮乌斯（1883～1969年），德裔美国建筑师，现代主义建筑学派的倡导人和奠基人之一。他的父亲也是一位建筑师。格罗皮乌斯在建筑设计上，讲究功能、技术和经济效益，积极提倡建筑设计与工艺的统一，艺术与技术的结合。他是建筑师中最早主张走建筑工业化道路的人。他与朋友合作创办的协和建筑师事务所，是美国最大的设计事务所之一。第二次世界大战后，他的建筑理论和实践为各国建筑界所推崇。

统的风格特征，应当与时俱进，根据所处时代的经济、技术条件，创造出属于时代的建筑形式。格罗皮乌斯特别认为建筑的美不是永恒的，他反对复古主义思潮，认为单纯地仿古必然没有出路，他还认为建筑是随着思想和技术的进步而改变的。鲍豪斯学院则是他的这种建筑理论的具体体现。

▲格罗皮乌斯

简洁清新的设计

鲍豪斯学院是一所建筑和工艺美术学校，学校的建筑面积约 10000 平方米。学校坐落在德国的德骚市。它是 1925 年初开始设计，1925 年秋季动工，1926 年底建成的。

按使用要求各不相同，鲍豪斯学院的校舍可分为教室、车间、办公室、礼堂、食堂和学生宿舍等。格罗皮乌斯按照使用性质的不同，将这些校舍组合成三个部分。第一部分是教学楼，这是个四层高的建筑物。第二部分是生活用房，包括学生宿舍、食堂、礼堂、厨房和锅炉房等，学生宿舍位于一个 6 层高的小楼房里面，位于在教学楼的后面。单层的食堂、厨房、礼堂位于宿舍和教学楼之间，方便学生住宿用餐。第三部分是个附属在学院中的一所职业学校，这是个四层楼房，它与教学楼中间隔着一条道路，相距 20 多米。整个校舍的平面就像是一个风车。除了教学部分是框架结构，其他部分都是用砖墙承受重量的砖石结构。

鲍豪斯学院的建筑设计比起古典式样的建筑来，具有独特的特点。

首先，而鲍豪斯学院是不对称的。按照古典式建筑的理论，像学校这一类古典式

▲鲍豪斯学院长廊

建筑的体型，一般都是左右对称的。这座建筑给人的印象，是它的纵横错落、变化丰富的体积。这也是过去所从来没有过的。在这里，不规则的体积加上各种对比，使整个建筑充满着一种生动活泼的气氛。

其次，鲍豪斯学院是把建筑各部分的使用要求作为设计的依据来确定各部分建筑的位置和它的体型。古典式建筑设计的主要依据是建筑的外观体型，其设计方法通常是建筑师先设想好建筑的外观体型，再把各种房间分配到这个建筑体型里面，这种做法就显得呆板。而鲍豪斯学院各部分建筑位置的确定则依据的是使用的便利性，例如学生宿舍则放在教室后面，食堂和礼堂要放在宿舍和教学部分之间，既要接近教学部分，又要离宿舍不远。这样的布置，使各部分的内外联系都十分方便。

第三，鲍豪斯学院的外在美感的取得，靠的是建筑本身的各种部件的组合和建筑材料本身的色彩和质地感觉。不像古典建筑那样依靠雕刻、柱廊和装饰性的花纹线脚来形成建筑美。鲍豪斯学院整幢建筑非常朴素，有一种简洁、清新的建筑艺术效果。建筑上的大片的窗格、雨罩、挑阳台、栏杆、抹灰的墙面等不同的色彩和质地组织起来，显得十分优美。

现代建筑的创始人

鲍豪斯学院创造了一种全新的建筑形象，以很低的造价解决了比较复杂的使用要求。这证明了一种说法，那就是建筑师必须彻底挣脱传统的条条框框的束缚，才能有所创造。格罗皮乌斯找到了一种多快好省的设计思想和方法，因为古典建筑的设计思想和方法已经完全不能适应需要了。

鲍豪斯学院受到当时的革新派的拥护和保守派的攻击，引起了广泛的注意和争论。此后不断新建起来的建筑，证明了格罗皮乌斯建筑理论的正确性。格罗皮乌斯也成为一位无可非议的现代建筑的创始人。今天，格罗皮乌斯的设计思想已经在我们今天的建筑设计中树立了牢固的地位。

▲鲍豪斯学院模型

巴西救世主耶稣像

巴西名城里约热内卢拥有天堂般的美景，然而里约热内卢最具特色的建筑物，还是那屹立在科尔科瓦多山巅的世界上最大的耶稣基督雕像。

提议终于成功

在19世纪50年代中期，一个名叫佩德罗·玛丽亚·博斯的天主教主教计划在科尔科瓦多山上建造一座雕像，他请求当时还是帝国体制的巴西的伊莎贝尔公主为他筹措资金，伊莎贝尔公主同意了这个请求。但巴西在1889年废除帝制，成为共和国后，伊莎贝尔公主失去了政治权力，这个计划被新政府彻底否定了。

里约热内卢

里约热内卢，简称为里约，位于巴西东南部，东南濒临大西洋，在1960年前为巴西首都，如今它是巴西第二大城市，又被称为巴西的第二首都，是巴西及南美经济最发达的地区之一。里约热内卢港是世界三大天然良港之一。

▲巴西救世主耶稣像

里约热内卢人主教在1921年又第二次提出“在山上建立一个地标”的建议。大主教为了能够实现这个建议，还组织了一个叫作“纪念像周”的活动来吸引捐款，巴西的天主教徒纷纷捐款。

里约热内卢大主教对基督雕像有着自己的要求，主要包括：有一座手持地球的耶稣基督像和一个象征世界的基座，有代表基督教的十字架。

面对满足要求的众多设计方案，里约热内卢大主教最后选择了“救世基督展开双臂”为设计外形的方案。

雕像制作复杂

这座纪念雕像最终确定由当地的工程师科斯卡监督建设，由波兰籍法国纪念碑雕刻家保罗·兰多斯基设计雕塑。科斯卡和兰多斯基发现滑石有柔韧性高的特点，决定以滑石作为雕像的外层材料。另外，滑石能够抵抗恶劣的天气，即使环境温度变化也不致龟裂变形，可以长时间保存。而耶稣像的内部填充物是一种砂、糖和鲸鱼油的混合物。

▲巴西救世主耶稣像侧影

当时的巴西工艺师们没有办法处理这些材质，因此波兰裔法国艺术家兰多斯基将设计图带到法国去制作。雕像的头部和双手由兰多斯基制作，工程师和建筑师完成了双臂和身体部分。雕塑在巴黎完成后，再送到了里约热内卢。

完成后的基督雕像本身高 30 米，底座高 8 米，其中头部就长近 4 米，钉在受难十字架上的两手伸展宽度达 28 米。

安放更难

科尔科瓦多山海拔高达 732 米，如何把这座雕像运送并安放到山顶上，是一项难题。为了将打造雕像运到山顶，里约热内卢还特意建造了科尔科瓦多山的上山铁路。

1931 年 10 月 12 日，基督雕像安放成功，巴西总统瓦加斯为塑像剪彩。科尔科瓦多山上举行了盛大的落成典礼，这一天是巴西圣母显灵日。

雕像中的耶稣基督双臂平举，目光深情地俯瞰山下里约热内卢市的美丽全景。从山下仰望，耶稣基督的身影与群山融为一体，在云雾中若隐若现，表达着博爱的精神和对独立的赞许。

2006 年 10 月 12 日，在塑像落成 75 周年庆典上，里约热内卢的枢机大主教欧瑟比欧·奥斯卡·舍伊德亲临现场，在塑像下为圣母显灵日做礼拜，从此以后天主教徒可以在塑像前接受洗礼和宣布结婚。

流水别墅使自然融为一体

流水别墅是现代建筑经典中的经典，在联合国教科文组织统计的百年世界著名建筑中，流水别墅名列榜首。它的最奇妙之处在于它的大部分竟然是空悬在瀑布之上的。与一般别墅不同，流水别墅就如同岩石般生长在溪流之上。流水别墅中，自然与建筑互相映衬，构造出一种美轮美奂的令人叹为观止的境界。

从理论到现实

在联合国教科文组织统计的百年世界著名建筑中，流水别墅位列榜首。其设计师赖特也因此成为20世纪伟大的建筑师、艺术家之一，被誉为20世纪的米开朗琪罗。

▲流水别墅与自然融为一体

赖特是美国威斯康星州人，因为自小生活在农村，所以他对养育自己的农村和多姿多彩的大自然有着深厚的感情。赖特认为自然界是有机的，建筑师应该从自然中得到启示。随着自己建筑实践的增加和建筑思想的逐步成熟，赖特提出了“有机建筑”理论，赖特认为“有机建筑”就是“自然建筑”，房屋应当像植物一样，是“地面上一个基本的和谐的要素，从地上迎着太阳生长出来”。

落水别墅坐落在美国宾夕法尼亚州匹茨堡市郊。这就是根据“有机建筑”理论建造起来的一幢新型的住宅建筑，清澈幽静，曲折婉转的“熊跑溪”，溪水从流水别墅巨大的平台之下湍湍地流过，奔流而去。落水别墅四周是高耸的栎树和大片的野生杜鹃花，自然环境极其优雅。

流水别墅的主人是匹茨堡市百货公司的老板考

赖特

弗兰克·劳埃德·赖特（1867 ~ 1959 年）是美国现代堪称伟大的建筑师，在世界上享有盛誉。赖特对现代建筑有很大的影响，他设计的许多建筑受到普遍的赞扬，是现代建筑中有价值的瑰宝。他走的是一条独特的道路，他的建筑思想和欧洲新建运动的代表人物有明显的差别。他的设计方法也成为日后新探索的重要借鉴。赖特对于传统的重新解释，对于现代工业化材料的强调，特别是钢筋混凝土的采用，为以后的设计师们提供了一个探索的、非学院派和非传统的典范。

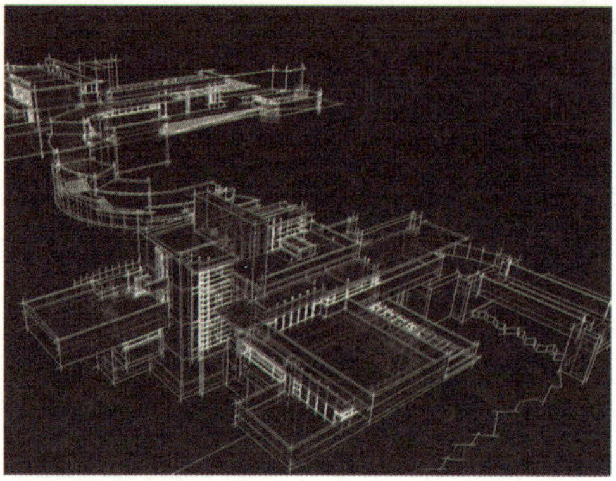

▲流水别墅结构图

夫曼。他仰慕赖特之名，请他为自己设计一幢住宅。赖特用了一整天的时间在这个被称作熊跑溪的峡谷旁揣摩、察看，还对瀑布周围的大树、山石作了记号。赖特又经过一番研究与设计，向考夫曼递了一份方案。考夫曼见到方案后，震惊了，他敬佩赖特的大胆，在思索之后，认可了这个方案，并且让赖特马上设计出施工图。赖特高兴极了，立即认真地进行设计。

流水别墅的建筑结构

三年之后，在赖特的努力下，一幢强调瀑布特征与周围环境相和谐的建筑出现了。起居室有三分之一是从溪流之上悬臂挑出。住宅总面积有700余平方米，但阳台、平台却占了300余平方米。这幢别墅确实是从里到外都渗透着“有机建筑”理论的“经典著作”。

流水别墅的外部设计，不受室内空间的限制。流水别墅的第一层平台向左右延伸，第二层平台则从上面悬臂向前挑出，居于一层平台之上。这种无拘束的延伸让别墅的线条产生了动感。

别墅的内部，有一个核心，那就是有着壁炉的起居室。整个壁炉如同从山岩上长出来一般。壁炉四周的毛石块围墙又与这石块有机地相连，这就大大增加了室内的自然情趣。

起居室有三部楼梯与上下相连，下一层是悦耳动听的溪流以及一平如镜转而又急速跌落的瀑布，上二层是卧室、客房、浴室。卧室斜对面的书房则安装了轻、透的大片玻璃，与山林联系近在咫尺。

纯粹是件艺术品

▲流水别墅内部

赖特的“有机建筑”理论在钢筋混凝土等新建筑技术的作用下，获得极大的发展。流水别墅外立面上那两垛垂直线条的毛石墙承受着所有的“流动”平台、阳台和水平的悬挑构件，这种承重能力，只有使用新的建筑技术才能达到。

赖特对住宅建筑的研究和贡献是伟大的。自这幢房屋建造近50年来，建筑史学家讨论住宅建筑时，言必称落水别墅。赖特后来又建造了很多住宅建筑，在赖特手中，小住宅和别墅这些历史悠久的建筑类型变得愈加丰富多样。

古根海姆美术馆是奇迹

古根海姆博物馆是欧洲最重要的艺术博物馆之一。博物馆一建成就被赞誉为“一个奇迹”、“世界上最美丽的博物馆”。古根海姆美术馆的创新形式对以后的建筑形式也有不小的影响。

道法自然

有人考证，赖特的“有机建筑”理论和中国古代哲学家老子的论述有关。关于这个说法，还有一个例证，在美国亚利桑那州菲尼克斯城外的沙漠中，有一座赖特设计的大型别墅的墙壁上就用英文刻着老子“道德经”中的一句话，意思是，房子的实体是它内部居住空间，而不是它的屋顶，它的墙。而赖特也认为建筑本质绝不是墙、屋顶、柱子和装饰等，是供居住、使用的空间。

赖特早年来过中国，酷爱老子著作，收藏了反映东方文化的雕塑绘画作品。赖特提出的“有机建筑”理论，确实受到老子的影响。那么古根海姆美术馆是否就是受老子的“空间”理论影响而设计的呢？这无法得知，但是，在建筑空间运用上，古根海姆美术馆是赖特的一个十分成熟的作品。

▲古根海姆美术馆的外观

螺旋形美术馆

古根海姆美术馆的业主是美国的一位冶炼业的百万富翁，名叫古根海姆，这是一座形状古怪的美术馆，主要用于私人收藏艺术作品。这美术馆坐落在美国最大的城市纽约市豪华的第五街上。

古根海姆

古根海姆家族的财富最初来自他们的铜矿开采事业，是仅次于罗斯柴尔德家族的世界上最富有的犹太家族。他们经营的采矿业使他们成为美国最富有的家族之一，但古根海姆家族的成员在绘画、建筑、出版和考古学方面同样成绩斐然、独树一帜。古根海姆美术馆是他们在历史上留下的崭新而辉煌的一笔，引导和推动了建筑艺术等的现代主义潮流。

▲近观古根海姆美术馆

▲古根海姆美术馆内部

1943年，古根海姆委托赖特在这块长50米、宽70米的不大的土地上建造一座让纽约人能常常记住他名字的美术馆。

赖特多年来一直在探索一种建筑空间，当人进入这个建筑空间，在前后、左右和上下三个方向上都能体验到空间的有机联系。赖特认为，如果人处在一个极大的螺蛳壳当中，就会有上述的体验。因此他曾经在旧金山为其他业主设计过一个螺旋形空间的商店和一个螺旋形的汽车库。这次他面对古根海姆的委托，又一次提出建造螺旋形美术馆的设想。他告诉古根海姆，应当让人在参观展览时，不应当被各个房间之间和各层之间的间断所干扰所打断，让人持续处在展品的特定环境气氛中。

一层流入另一层

于是，赖特把整座美术馆设计为一大一小两个部分，小的部分是行政办公部分，有四层高；大的部分是个六层高的陈列大厅，地下室是个演讲厅；两部分在底层由一个入口敞廊联系在一起。

陈列厅是个螺旋形的圆筒，约有30米高，周围是以3%的坡度逐渐盘旋而上的层层挑台。穿过入口敞廊，经过右边的一个小圆形门厅就进入了这个螺旋圆筒的中间。圆筒从下到上，随着螺旋慢慢上升。底层外围直径30米，外围直径越来越大，到顶层外围直径有38.5米。坡道本身的宽度在底层只有5米宽，到顶层时则有10米宽。参观的人可以从下向上参观，到顶层后乘电梯下去，离开美术馆，也可以先乘电梯一直到顶层，随后顺着螺旋坡道边看展品边向下走。整个螺旋坡道总长431米，可以同时容纳1500人参观展览。

整个螺旋圆筒几乎没有外窗，只有正中顶部是一个由12根钢筋混凝土柱子斜撑着的巨大玻璃穹顶。这些柱子组成了玻璃穹顶的框子，光线通过这个玻璃穹顶照亮了大厅。

螺旋坡道的外墙上方有一排条形的高窗，依靠从那里透进来的光线，可以照亮陈列的展品的。整个陈列大厅给人以简洁、流畅的印象。

▲夜幕中的古根海姆美术馆

赖特对他的设计很得意，因为从大厅的任何地方都可以看到其他各层人的活动，颇有趣味。赖特说："在这里，建筑第一次表现为可塑性的。传统建筑的那种呆板的楼层重叠被一层流入了另一层的形式所代替。"

古根海姆美术馆的创新形式对以后的建筑形式也有不小的影响，现代化旅馆的中庭共享空间的设计也可以说就是从这栋建筑开始。另外，有些国家也仿照这栋建筑，建造了一些连续式空间的展览建筑物。

不是一座成功的建筑

这样的建筑设计虽新奇，但也有一些弊端。例如，参观者由于廊宽度的局限，不能从各个不同的角度对展品进行鉴赏。螺旋形长廊式的陈列面积对布置展品来说，显得很不灵活。而且人又总是站在斜坡之上，感觉很不舒服。墙是向外倾斜的，仿佛每件展品都没有挂正，造成每一件展品所处的环境既没有水平也没有垂直。为此，只得在墙上挑出一个钢的悬臂，把画凸于墙面悬挂在臂端。由于它内部空间的布局使得这座美术馆的体形非常特殊，显得就不那么协调。另外，在陈列大厅内部，除了天空，什么外面的景物也看不到。

这座建筑物在这建造过程中也历经种种磨难，直到 1959 年 10 月才落成。人们认为，这是一座有名的建筑，但不是一座成功的建筑。

▲马来西亚双子塔是马来西亚的现代建筑

第八章
现代建筑探索

第二次世界大战后，西方的建筑界开始了一场关于现代建筑形式和内容的大胆探索，其中最重要的实践就是联合国总部大厦。这是世界各国代表在此云集，纵论世界大事的所在地。

马赛公寓虽然实用性不强，但也是战后初期建筑探索的重要实践。马赛公寓的设计师勒·柯布西埃设计建筑时十分大胆，这种大胆的具体表现就是一往直前的创新精神和探索精神。他在设计马赛公寓时，把一些绘画和雕塑的艺术法则运用到建筑中去。

从联合国总部大厦和马赛公寓的建筑实践中，可以看出战后建筑学家探索的艰辛，其中的经验和教训都是弥足珍贵的。

联合国总部大厦

联合国总部大厦，这是世界各国代表云集，纵论世界大事的地点。联合国总部大厦是由美国建筑师哈里逊设计的，它由四部分组成，即秘书处办公大楼、大会堂、会议楼和图书馆。

入选方案的争端

联合国总部大厦位于美国纽约曼哈顿东区第42街和第48街中间，东边是东河，西边是广场。它占地共7.3公顷。由联合国第一任秘书长指派美国建筑师哈里逊为总设计师，参与设计的还有由10个国家的设计顾问组成的国际委员会。

说起设计联合国总部大厦，还有过这样一段故事：国际联盟总部1927年在瑞士日内瓦湖畔举行国际联盟总部建筑设计方案征集，勒·柯布西埃参加了征集，他是现代建筑的激进分子，对这次征集志在必得。国际联盟总部要求各设计师的设计稿必须包括理事会、秘书处、办公和会议大楼、大会堂及一座附属图书馆等建筑。但勒·柯布西埃却不按照这个要求，独辟蹊径，他在设计稿里将议事的大会堂放在最重要的位置，将其他部分机构分配在大会堂的一侧的一座高7层的楼房中。这样就形成一组非对称的建筑群。不仅如此，勒·柯布西埃设计的建筑群将全部采用钢筋混凝土结构，他还在设计中认真地解决了交通、内部联系、采光、音响、视线、通风、停车等实际问题。它能使大楼内每一个部门的工作人员都有机

▲联合国总部的外观

勒·柯布西埃

勒·柯布西埃(1887~1965年)，瑞士人。是现代建筑与城市规划、城市设计大师，他一生都在不断尝试，大胆创新，经常有惊世骇俗之举，有的甚至使人难以接受。他的理论与作品，常常站在世界前沿，对后代产生巨大的影响。他在城市规划与设计方面的理论，被称为20世纪三个最主要的“空想主义城市”理论之一。

会从室内望见日内瓦湖的湖光波影。大会堂的天花板采用了抛物线的曲面，利用音波反射的原理，可以使每个会议参加者都能听到清晰的声音。

▲勒·柯布西埃

柯布西埃的方案最终入选，同时入选的还有4个方案。虽然霍特从中多方斡旋，但最终柯布西埃这位革新者还是敌不过保守派，国联总部融合4人综合方案，拼凑成一个所谓新古典式样。勒·柯布西埃因此大为恼火，他上诉法院，要求裁判，但法院不予受理。

时光流逝20年，1947年，柯布西埃作为法国公民，再次参加新的联合国总部大厦设计。这回，他更加雄心勃勃了。他和助手接连奋斗5个月，拿出一个崭新的方案，但这个方案体现了20年前国联总部方案精神。但不幸的是，联合国总部秘书长却采用了柯布西埃的竞争对手美国建筑师哈里逊的方案。哈里逊的方案的构思与柯布西埃竟十分相像。柯布西埃痛斥哈里逊为恶棍。柯布西埃一气之下，跑到了印度，印度因此就有了一座著名的建筑——昌迪加尔高等法院。

公平地说，哈里逊的才能也非常高，他有着丰富的设计经验和组织才干，是一位才艺卓越的建筑家。

四个主要部分组成

联合国总部大厦由秘书处办公大楼、大会堂、会议楼、图书馆四个主要部分组成。

秘书处办公大楼属早期的板式高层建筑之一，高39层，装有铝框格暗绿色吸热玻璃幕墙，看上去晶莹剔透。尤其在晚霞中，整个铝框格像镀了金一般，给人以一种平和端庄之感。由于明亮的玻璃掩去了铝框格的纤细，所以幕墙并没有零碎感。这幢大楼有近20部电梯作为垂直交通供人使用。部分楼面还有供人娱乐、休息、医务、阅览的房间。

大会堂有着悬索结构的屋顶和内凹的曲面形墙面，因为是供联合国各国代表一年

▲联合国总部内部

▲联合国总部大楼内部

一度开联合国大会的地方，一切得从有利于音响出发。会议厅上空还复以穹顶，开会时有很好的声音效果。

会议大楼采用的框架结构，共五层，主要是供各理事会会议之用。从远处看来，它很像秘书处办公大楼的底座。室内的一切陈设、家具等均为挪威、瑞典和丹麦捐赠。

图书馆位于西南角，又叫达格·哈马舍尔德图书馆，内藏 40 万册书。它实际上是个情报和资料图书中心，供各国代表团和秘书处人员使用。

联合国广场

联合国广场是个供各国代表休息以及举行各种仪式的公共中心，位于联合国总部大厦的西边，广场上迎风飘扬的各色旗帜成为广场一景。联合国有 6 个主要机构设在此。广场上还有一座异常著名的雕塑《让我们把兵器打成耕犁》。

马赛公寓创新大胆

勒·柯布西埃设计建筑时十分大胆，这种大胆的具体表现就是一往无前的创新精神和探索精神。他在设计马赛公寓时，把一些绘画和雕塑的艺术法则运用到建筑中去。

柯布西埃的试验

1947年，第二次世界大战结束，欧洲的城市遭到了极大的破坏，很多建筑遭到损坏。从战场上下来的大量人员需要安置，可整个欧洲的住房都异常紧张，在这种情况下，住宅建筑的修建又兴起了新高潮。

法国著名建筑设计师勒·柯布西埃早在20年代，就曾提出过一些现代城市的设想，在他的设想中，现代城市是由自给自足的带有服务设施的“居住单元”组成。但是柯布西埃的设想无法付诸实施，因为没有一个几百万人口的城市可供柯布西埃实验，即便有城市愿意试验，仅仅靠柯布西埃的设想，也无法成功。因此，柯布西埃的规划搁下了。可在二战后兴建住宅建筑的高潮中，他幸运地得到了个小试牛刀的机会。在法国建设部长的支持下，他设计了马赛公寓，这是一幢被视为现代城市基本“居住单元”的房子。

▲马赛公寓

马赛公寓位于马赛市市郊，是一座高17层的大楼，长165米，宽24米，高56米，1947年兴工，1952年完成。住宅平面是个矩形，一共可容纳337户计1600个居民。它户型的式样有23种之多，从单身者到8个子女的家庭都能适用。其中第七、第八层是用于服务设施的食品店、药房、理发店、邮局、酒吧、餐厅、银行、旅馆

马赛

马赛位于地中海沿岸，是普罗旺斯的首府。马赛是法国第二大城市和第三大都会区。它是法国最大的商业港口，也是地中海最大的商业港口。它始建于公元前6世纪。1792年法国大革命时期，马赛人高唱激昂的《莱茵河战歌》进军巴黎，这首歌后来成为法国国歌，被称为《马赛曲》。马赛是法国历史上最悠久的城市，市区的主要建筑包括贾尔德圣母院、伊福岛堡、马赛美术馆、古救济院以及隆尚宫。

▲近观马赛公寓

等，而1至6层，9至17层是住宅。在第17层上还设有幼儿园、托儿所。就连屋顶也有规划，设有儿童游戏场、小游泳池和成人健身房及供成人休息、看电影的一些设备。在屋顶的女儿墙四周，有一圈200米的跑道，可供大楼里的居民清晨锻炼。17层和屋顶之间用坡道相连，对于年迈的人来说，上下也十分方便。一些空调、电梯、马达等设备均安装在底层和二层之间的技术夹层。

别出心裁的结构

马赛公寓在布局上采用了内廊跃层的方法，每户占据二层，层高不高，仅2.4米，两层之间由小梯相连。楼上一层布置卧室，楼下一层作为厨房。平时活动较多的起居室占两层高度。由于一条内廊可服务三层楼面，这样每三层就可以形成一组，15层只需安排五条走廊。

马赛公寓的墙面、遮阳板、阳台等是预制的，是钢筋混凝土框架结构，整个框架的重量全部由底层巨大的上粗下细的柱子支撑。

在外观设计上，勒·柯布西埃追求粗犷、原始的雕塑味，保留着原材料的木花纹、质感和污渍。建筑史上曾把这种不修边幅的立面处理手法称为“朴野主义”。

这幢俨若小城镇的住宅给人一种稳定感。

马赛公寓并不成功

不过，这种小而全的住宅并不成功。“城镇”内的商店、餐厅并不像想象中那样兴隆。住在公寓内的居民仍然到外面的“世界”中去买东西。渐渐地，马赛公寓失去了生命力。可是，马赛公寓建成后的一年内竟吸引了50万人次来参观。甚至著名画家毕加索也来参观，并要求拜柯布西埃为师。

勒·柯布西埃是位钟表匠的儿子，年轻时就学习绘画和雕塑。绘画和雕塑给予他学习建筑设计以极大的便利。他能把一些绘画和雕塑的艺术法则运用到建筑中去。他还自己著书立说，思想活跃，思路敏捷，能言善辩，锋芒毕露，设计建筑时十分大胆，具有一往直前的创新精神和探索精神。

▲马赛公寓内部

第九章
现代建筑走向多元化

随着现代建筑逐步走向了成熟，建筑开始变得多元化起来。

柯布西埃是现代建筑发展史中的重要人物，他设计的昌迪加尔高等法院是多元化建筑的代表作。

奈尔维也是现代建筑发展史中的另一位重要建筑师，他成功掌握了可以塑造成任何形状的钢筋混凝土的力学性能和施工特点，以筒、拱、薄壳等结构形式，建成了大跨度的屋顶。奈尔维有着“钢筋混凝土诗人”的美誉。

美国世贸中心大楼是现代建筑的重要代表。它的建立，标志着建筑技术已达到了一个很高的水平。

昌迪加尔高等法院：朴野而怪诞

昌迪加尔高等法院乍一看上去就像不曾完工，其实建筑师故意要造成一种朴野、怪诞的情调，这种建筑设计的手法，和马赛公寓一样也属“朴野主义”的范畴，不过也有人说这种“朴野主义”恰恰反衬出了法院的公正和严肃。

▲昌迪加尔高等法院

柯布西埃受邀设计

20世纪50年代，印度政府在喜马拉雅山南麓山脚下的昌迪加尔的平原上，将重新建设印度旁遮普省的省会。建筑师柯布西埃接受邀请，让他把整个城市划分为整齐的矩形的街区，形成一个棋盘式的道路系统。柯布西埃在城市规划上的新思想得到了应用，街区被明确地分为政治中心、商业中心、工业区、文化区和居住区等五个部分，功能分布非常明确。柯布西埃还设计了政治中心的建筑物，其中高等法院的建成曾经引起世界建筑师们的广泛注意和仿效。

奇怪的构造

昌迪加尔高等法院建成于1956年3月，柯布西埃的主要出发点是利用建筑本身的特点来解决当地烈日和多雨的气候所造成的困难。建筑物高4层，为了降温，柯布西埃用了一个极大的钢筋混凝土的篷罩，把整个4层的法院建筑罩了起来。法院建筑的外面布满了尺寸很大，混凝土做成的遮阳板，它们所组成的图案有点像中国的博古架。

法院的平面形状是一个简单的L形，一层有一间大审判室和8间小审判室，门厅在地面第一层，进入门厅以后是一个大坡道，人们可以顺着坡道登楼。楼上也有一些小审判室和办公室。另外还有对公众开放的图书馆和餐厅。

罩着法院大楼的篷罩横断面是个很平坦的U字形，前翘后翘，雨水集中在U形断面中间的集水沟中，并在山墙上的出水口流出来。它由11个连续的拱壳组成的，达到100多米长，它起了遮挡烈日的作用。法院的入口没有装门，只有3个高大的柱墩一直支承着顶上的篷罩，形成一个高大的门廊，门廊气势雄伟，便于空气流通。

▲昌迪加尔高等法院大门

整个建筑的外表都是裸露的混凝土，上面保留着浇捣时模板的印痕。门廊内部的坡道上也满是大大小小不同形状的孔洞。一层的大小审判室的后墙上还都挂着由柯布西埃亲手设计的壁毯，但壁毯的图案太怪，遭到法官们的非议，后来不得不取走。

朴野主义

朴野主义在 1954 年史密森夫妇提出“新朴野主义”概念之后正式进入世人的视野。它同纯粹主义一样，以表现建筑自身为主，讲究建筑的形式美；它把表现与混凝土的性能及质感有关的沉重、毛糙、粗鲁作为建筑美的标准。朴野主义以大刀阔斧的手法使建筑外形造成朴野的面貌，在建筑材料上，它注重自然本色。朴野主义对现代建筑思潮演变起了较大的推动作用。

“朴野主义”的设计风格

有人说，昌迪加尔高等法院这座建筑与其说是法院，倒不如说更像一座监狱。昌迪加尔高等法院乍一看上去就像还没有完工，其实建筑师是故意要造成一种朴野、怪诞的情调，这种建筑设计的手法，和马赛公寓一样也属“朴野主义”的范畴。不过也有人说这种“朴野主义”恰恰反衬出了法院的公正和严肃。但是这种“朴野主义”用在公共建筑上，可能还有一定的进步意义。可是，二战以后，公共建筑都变得廉价和讲究速度了，这种建筑的尝试只能用到行政建筑上了。

罗马小体育宫使混凝土显身手

建筑师奈尔维他的一生中，设计建造了一大批钢筋混凝土的建筑物，其中罗马小体育场将其建筑的使用要求、结构受力和建筑艺术巧妙地糅合在一起了，他因此获得了“钢筋混凝土诗人”的美誉。罗马小体育宫就是奈尔维设计的最有名的建筑物。

爱上了混凝土

1910 年，在意大利波伦亚大学土木工程系，一位老师宣读了一封信，这封信上说，根据他们的计算，罗马城里的一座名叫列索曼琪托的钢筋混凝土桥马上就要倒塌了。可是实际上，那座桥一直完好地屹立在那里。那些学生们对那封信报以一笑也就搁置脑后了，但却使其中一位学生奈尔维深受启发，这位学生就是后来成为世界知名的结构工程师兼建筑师的意大利人奈尔维。他自此爱上了混凝土，在他的一生中，设计建造了一大批钢筋混凝土的体育场看台、飞机库、体育馆、展览馆。这些建筑物不仅受力合理、用料节省，而且都有独到之处，受到广泛的注意。罗马小体育宫就是奈尔维设计的最有名的建筑物。

▲罗马小体育宫的外观

奈尔维

奈尔维（1891～1979年），意大利建筑师。1913年毕业于波仑亚大学土木工程系。1915～1918年在意大利工程兵部队服役。1932年起同托利合作组建奈尔维－巴托利工程公司。奈尔维毕生致力于探索钢筋混凝土的性能和结构潜力，创造出了很多风格独特、形式优美、有强烈个性的建筑作品。他的名言是："建筑必须是一个技术与艺术的集合体，而并非是技术加艺术。"

"荷叶"与"丫"

1955年，意大利政府准备在罗马举行的奥林匹克运动会，为了进行篮球和拳击比赛，准备修建一座体育馆。一位建筑师已经设计好了体育宫的平面，然后请来奈尔维给这个体育宫加一个屋顶。体育馆的平面是一个直径60米的圆，里面可以容纳6000到8000名观众。奈尔维被要求提前单独建造屋顶，因为这个屋顶与体育宫内的场地、看台及其他设施相互独立，之间没有任何联系。

奈尔维为这个体育宫设计了一个像是一张反扣过来的荷叶似的屋顶，由沿圆周均匀分布的36个"丫"形斜撑承托，把荷叶的重量传到埋在地下的一圈地梁上。这36个斜撑暴露在室外，表现出了体育建筑"健和美"的性格，看起来就不同凡响。

▲罗马小体育宫的内部

从室内望出去，整个屋顶像是悬浮在半空中，十分优美。之所以能获得如此奇妙的艺术效果，与奈尔维这位结构大师高超的建筑审美观分不开的。

实用、科学与美的结晶

小体育宫建成以后，也有一些特别爱挑剔的人提出，那一圈36根丫形的斜撑的数量可以再减少一些。但绝大多数人都认为它确实很美，是一座非常成功的建筑。

那奈尔维为什么偏偏是36，而不是34、32或其他数字呢？原来，奈尔维对这一点也是有着仔细的推敲的，他主要从审美的角度考虑了屋顶菱形槽板的大小。这既使体育宫受力非常合理，又在建筑艺术上特别相称、妥帖。从室内透过大玻璃窗望出去，斜撑的两条叉正好在菱形槽板之间肋的延长线上。

就是这样，奈尔维在罗马小体育馆这一幢建筑物中，把建筑的使用要求、结构受力和建筑艺术巧妙地糅合在一起了，他因而获得了"钢筋混凝土诗人"的美誉。

世贸中心大楼建成摩天大楼

世贸中心大楼于1966年开工，1973年竣工，历时7年。1995年对外开放，有“世界之窗”之称。它由7座建筑组成，其中南塔高415米，北塔高417米，这组建筑中最明显的是117层的摩天大楼，这是当时世界上最高的建筑。

▲设计师雅马萨奇

雅马萨奇受到邀请

日裔美国建筑师雅马萨奇在1962年的一天，收到纽约新泽西港务局的一封信。信件的内容是询问他是否愿意接受一次建筑项目的设计任务。这个建筑项目的投资额为2.8亿美元。雅马萨奇仔细看完信后，他误以为投资额过大，是多写了一个“0”。

事实上，港务局决定聘请雅马萨奇担任世界贸易中心总建筑师是十分慎重的，在物色建筑设计人员时，先后对40多家建筑师事务所作了深入的调查，才最终确定雅马萨奇的。

雅马萨奇事务所接受这个建筑任务后，整整用了一年时间进行调查研究，前后共准备了100多个设计方案。

雅马萨奇

雅马萨奇（1912～1986年），原名山崎实，出生在美国西雅图，是日裔美国建筑师。曾读于华盛顿州立大学的建筑学院。他于1949年建立了自己的事务所。20世纪50到60年代，雅马萨奇的作品得到了社会公众、政府机构和公司董事会成员们的普遍赞誉。世界贸易中心大厦是雅马萨奇最为瞩目的作品。

世贸中心建成

在雅马萨奇的努力下，世贸中心大楼于1966年开工，1973年竣工，历时7年。1995年对外开放，有“世界之窗”之称。它由7座建筑组成，南塔415米，北塔417米，最明显的是两栋110层的摩天大楼，是当时世界上最高的建筑。它的建立，标志着建筑技术已达到了一个很高的水平。

我们知道，美国纽约的曼哈顿区是个高楼林立的区，世界贸易中心就建在这块土地上。它总建筑面积达120万平方米。这里几乎云集了世界上绝大多数著名的高层建筑，世贸中心是其中最高的建筑。它120万平方米中有84万平方米是供办公用的，每天有5万人在这两幢大楼内上班。

世界贸易中心两栋 110 层高楼平面和体形完全一样，每栋高塔中安装有 102 部电梯，遇到紧急情况时，全部人员能在 5 分钟内全部疏散完毕。另外，世界贸易大楼采用筒中筒结构体系，外墙承重，且由密集的钢柱组成，具有强大的抵抗水平荷载的能力。

世贸中心建成后，成为当时世界上最高的摩天大楼（1972 年 ~ 1974 年）。但很快就被芝加哥的西尔斯大厦取而代之。令人痛心的是，2001 年 9 月 11 日，恐怖分子劫持两架波音飞机分别撞向双塔，世贸双塔就此倒塌。

▲世贸中心大楼

抗风问题

风对建筑的危害很大，随着建筑高度的增高，使得建筑结构抗风设计的难度也在不断提高。世贸中心顶部的风速按 225 千米／小时计，所产生的风压几乎达到 400 千克／平方米，其危害性非常大。为了防风压引起的振动和移位，雅马萨奇在世界贸易中心的第 7 层至 107 层中的桁架下弦都装了减振器。这种利用弹性材料在振动时能将势能转变为热能的原理来防风减振，效果十分显著。

▲俯视世贸中心

交通问题

世贸大厦固定办公人数为 5 万人，而且每天还吸引了约 9 万名新奇的观光者。和所有的超高层建筑一样，世界贸易中心垂直交通的布置十分棘手。要将这 13 万的人送往不同

▲世贸中心大楼夜景

高度，确实让人费尽心机。可世贸中心大厦却创造了一个崭新的运输方案，那就是，每幢楼设108部电梯，其中分段电梯23部，分层电梯85部，然后在44和78层设立高空门厅，高层高空门厅中还设有各种服务和商业设施，让人随意采购和享受各种服务。这样一来，就与底层大厅一起把这110层的高度分成三个交通段。各种人员可根据不同的要求在这三个门厅中进行选择与过渡。从底层大厅分别有11或12部高速直达电梯通至高空门厅。另外，还有五部高速直达电梯直达107或110层的快餐厅与瞭望厅，速度快达每分钟486.5米。这样一来，就大大缓解了运输问题。

人们在世贸中心的顶层还可瞭望整个曼哈顿半岛的景色。另外，世界贸易中心广场周围还布置了4座7层高的建筑作为商店、展览、旅馆和海关检查用。比起其他高层建筑，世贸中心所提供的方便是极其周详、舒适的。

防火问题

在防火问题上，世贸中心采用了石棉水泥防火。此外，为了防止高层建筑电梯井的烟囱拔风，安全区内备有消防龙头供消防队使用，核心筒设计成用防火墙及防火门包起来的安全防火区。核心筒内还有用于排烟的专门竖井，大楼各楼面都有烟感报警器。1975年，大楼11楼遭受到火灾，由于设备完善，仅3小时就将火灾扑灭。

世贸中心的建立，标志着建筑技术已达到了一个很高的水平。但是世界贸易中心的造价是十分昂贵的，造价已达7.5亿美元。

华盛顿国家美术馆东馆

美国总统卡特在华盛顿国家美术馆东馆建成后说："她不仅是首都华盛顿的一部分，而且象征着公众生活与艺术之间的联系日益增强……"华盛顿国家美术馆东馆 1969 年开始设计，1978 年建成，有 5.6 万平方米，耗资近 1 亿美元。贝聿铭先生是总设计师。她得到了美国许多报纸、刊物的一致好评。

贝聿铭的设计

"她不仅是首都华盛顿的一部分，而且象征着公众生活与艺术之间的联系日益增强……"

这是美国总统卡特 1978 年 6 月 1 日在华盛顿国家美术馆东馆的落成典礼上所说的赞美之辞。华盛顿国家美术馆东馆是当今美国最好的美术馆。它的设计者就是著名的美籍华人建筑师贝聿铭。

▲贝聿铭

贝聿铭在中国古老美丽的南方名城苏州出生。少年时代，他就是一个孜孜不倦、勤奋好学的学生，他从美国大学的建筑系毕业以后，以兢兢业业、一丝不苟的精神对待自己的事业。20 多年来，贝聿铭和他的同事们在美国各大城市，以他特有的缜密的构思、完美的手法设计了许多不拘一格、有独到之处、富有探索精神的建筑作品，赢得了越来越高的声誉。华盛顿国家美术馆东馆便是其中突出的一座。

华盛顿国家美术馆

华盛顿国家美术馆是世界上建筑最精美、藏品最丰富的美术馆之一，建立于 1936 年，于 1937 年开馆，由担任过美国财经部长的梅隆捐献和建议修建。这座艺术品宝库收藏着欧洲中世纪到现代、美国殖民时代到现代的艺术品大约有 4 万多件。包括安吉利科修士、贝利尼、伦勃朗、马奈、莫奈等欧洲古典艺术大师的作品，其中不乏达·芬奇的《吉内夫拉·德本奇像》等珍品。

华盛顿是一座优美的城市，这个城市在第二次世界大战之后的 30 多年里始终保持了古典的格局，没有拔地而起、高耸入云、令人目眩的摩天楼群。虽然它的建筑物有各种不同的风格，但是绝大多数的建筑是白色的、浅色的。

第二次世界大战结束后，在华盛顿，还没有设计建造成一幢与这个优美的城市相称的现代建筑。国家美术馆东馆就是脱颖而出的一座。卡特总统认为它是"华盛顿和谐而周全的一部分"。她得到了美国许多报纸、刊物的一致好评。

别出心裁的构思

国家美术馆东馆在华盛顿的位置非常重要，向东可以望见国会大厦，向西不远，就是美国总统办公的白宫。国家美术馆东馆所处的地面是一个直角梯形，设计怎样一座建筑物，才能配合这样一块形状不规则的地面？而且又能与这个优美的城市以及与旧美术馆相协调，还能体现出现代建筑的风格来呢？

贝聿铭经过反复推敲，把这个直角梯形场地划分成两个三角形并在它上面建造了两座建筑物，一幢是等腰三角形的建筑物，

▲华盛顿国家美术馆东馆全景

▲华盛顿国家美术馆东馆正面

一幢是直角三角形的建筑物。两座建筑物紧紧联在一起，只有一巷之隔。直角三角形里面是阅览和研究中心的大厅以及一些小房间。这两个建筑物的外墙都贴满了桃红色的大理石。使它与旧美术馆显得很协调。建筑虽然没有窗子，但桃红色的大理石在阳光照耀下使人感到温暖而有生气。

▲华盛顿国家美术馆东馆内景

东馆内充满了设计灵气

国家美术馆东馆与旧馆之间是一个7000平方米的小广场，广场下是地下室。通过地下室，把新、旧馆紧密联系在一起了。广场上还有一个喷泉和几个大小不同、形状像宝石似的透明的雕塑，这雕塑正好是地下室小吃部的天窗。当人们参观累了，在小吃部歇歇脚，喝上一杯热咖啡，听着叮咚的水声，会觉得别有一种趣味。

▲华盛顿国家美术馆东馆内景

走进入口，穿过一个低矮的、装饰简单粗糙、只有3米高的门厅，就是24米高的中央大厅，大厅顶上有25个天窗。明媚的阳光从天窗上倾泻下来，照得大厅一片明亮。这个大厅既是识别方向的空间，也是陈列的场所。大厅的天窗架下挂着一个个红色的大型装饰物，它们在微风的吹拂下，像是缓缓飞翔在空中的鸟。这些“活鸟”的影子投射在地面、墙面上，非常漂亮。大厅里还设置了天桥、大楼梯、挑廊……使得参观者可以方便地前往各个陈列室。这一切使整个大厅充满了活力。

贝聿铭精心的设计，使得每个陈列室内的艺术品的陈列，既便于参观者欣赏，又使建筑与展品能相互衬托，相得益彰。另外，陈列室的高矮也各不相同，可以根据展品的要求进行选择，大小也可以分隔。

这里有艺术家、工作人员的工作室和讲堂，还有休息大厅、屋顶花园和舞台。艺术家们需要寻找灵感时，可以到这儿来休息，喝一杯咖啡，眺望华盛顿美丽的景色。

▲捷克会跳舞的房子

▲伦敦小黄瓜

第十章
后现代建筑的盛宴

后现代主义建筑在 20 世纪 60 年代和 70 年代得到了发展。这时期的建筑师们大胆探索全新的建筑形式，把建筑学向更深和更广的方向推进，并且进行了大量的实践。

朗香教堂的横空出世，震动了全世界，世界建筑史用浓重的笔墨记下了这座建筑。朗香教堂的设计师柯布西耶用这座圣殿把天、地、人联系在一起，也把天才、勤奋、探索联系在了一起。

悉尼歌剧院也和朗香教堂一样，一旦建成便吸引了世人的目光。悉尼歌剧院是悉尼艺术文化的殿堂，悉尼歌剧院就好像一艘正要起航的帆船，带着所有人的音乐梦想，驶向蔚蓝的海洋。

戴高乐机场是世界上最大的机场之一，也是后现代建筑的代表作品。

朗香教堂震动世界

朗香教堂的横空出世震动了全世界。世界建筑史用浓重的笔墨记下了这座建筑。朗香教堂的设计师柯布西耶用这座圣殿把天、地、人联系在一起，也把天才、勤奋、探索联系在一起。它是一座艺术圣殿、一座人类智慧的圣殿。

柯布西耶的非凡之作

朗香是法国东部孚日山区的一个小山村，设计师柯布西耶在朗香村的布尔垒蒙的小山顶上建造了一座很小的教堂，这就是朗香教堂。朗香教堂与巴黎圣母院、科隆大教堂相比，规模非常小。这个小教堂内，连坐带站只能容纳 200 人。但是它很奇特，仿佛是从天上掉下来的，是一个巧夺天工的建筑物。朗香教堂的设计师柯布西耶被人誉为“现代建筑的先驱”。朗香教堂是柯布西耶设计的建筑中最夺目耀眼的一个作品。

这座天才建筑物的天才设计师告诉人们的是：天才是“长久辛勤的探索”。1931 年，柯布西耶在北非穆扎布沙漠时，就特别注意到那里建筑的形态，并将其应用在朗香教堂的南墙上。他采用了穆扎布建筑的白粉墙，用简单朴实来突出朗香教堂的体型特征。1947 年，柯布西耶在纽约长岛的沙滩上捡到了一个螃蟹壳，并由此便构思出朗香教堂屋顶的形式。他结合飞机机翼的构造方法，改造设计出教堂的屋顶。

▲朗香教堂

1950 年的一天，柯布西耶站在布尔垒蒙山上俯瞰山下的平原，迎着微风，感受着大自然的亲切宜人。此刻他灵感大发，在脑海里形成了朗香教堂的整个建筑轮廓。

《走向新建筑》

勒·柯布西耶（1887 ~ 1965 年），出生于瑞士，20 世纪最著名的建筑大师、城市规划师和作家。被称为“现代建筑的旗手”。从 1920 年起，他连续发表论文，提倡建筑的革新，提倡建议走平民化、工业化、功能化的道路。这些论文汇编为《走向新建筑》一书，成为畅销书。

创意的形成过程

柯布西耶生前曾说了不少和写了不少关于朗香教堂的事情，但是他本人也不一定能把自己的创作过程讲得十分清楚。

一些学者对柯布西耶死后留下的笔记本、速写本、草图、随意勾画和注写的纸片进行了多年的整理、发掘和细致地研究，陆续提出了很有价值的报告，使我们今天对于朗香教堂的构思过程有了稍为清楚一点的了解。

“一项任务定下来，我的习惯是把它存在脑子里。人的大脑有独立性，那是一个匣子，大量存入资料信息，让其在里面游动、煨煮、发酵。然后，到某一天，咔嗒一下，你抓过一支铅笔在纸上画来画去，想法便出来了。”这是柯布西耶关于自己的一般创作方法的叙述。

在朗香教堂设计稿动笔之前，柯布西耶曾深入了解天主教的仪式和活动，了解信徒到该地朝山进香的历史传统，他还专门找来介绍朗香的书籍，仔细阅读，并且做了大量摘记。

▲朗香教堂细部

天、地、人的完美结合

在朗香教堂的设计中，柯布西耶摒弃了传统教堂的模式和现代建筑的一般手法，把重点放在建筑造型上和建筑形体给人的感受上，把朗香教堂当作一件混凝土雕塑作品加以塑造。

▲朗香教堂侧影

朗香教堂墙体几乎全是弯曲的，还有些倾斜；塔楼式的祈祷室的外形像座粮仓，与墙体之间留有一条 40 厘米高的带形空隙；入口在卷曲墙面与塔楼的交接的夹缝处；室内主要空间也不规则，光线透过屋顶与墙面之间的缝隙和镶着彩色玻璃的大大小小的窗洞投射下来，使室内有一种特殊的气氛。

1953 年，朗香教堂落成了，它惊动了全世界，世界建筑史用浓重的笔墨记下了这座建筑。无数人前去朝拜它，因为它是一座艺术圣殿。它卷曲的屋顶舐着苍天，它在大地上的孤独象征着它在历史上的孤独。柯布西耶用这座圣殿把天、地、人联系在一起，也把天才、勤奋、探索联系在一起。朗香教堂，被誉为 20 世纪最为震撼、最具有表现力的建筑，其设计对现代建筑的发展产生了重要影响。

五个立面的悉尼歌剧院

悉尼歌剧院一出现便吸引了世人的目光，它是悉尼艺术文化的殿堂。在清晨、在黄昏或在星夜，不论徒步缓行或出海遨游，悉尼歌剧院就好像一艘正要起航的帆船，将带着所有人的音乐梦想，驶向蔚蓝的海洋，悉尼歌剧院是悉尼人们的魂魄。

歌剧院的五个立面

悉尼濒临大海，是澳大利亚的第一大城市，一个天然港湾把悉尼市分为南北两部分。一座2000米长的大铁桥横贯海湾，将悉尼市的南北两部分连接起来。海湾的北边有一座面积约3公顷的班尼朗岬。岬的三面环水，南端连接陆地，有三条街道在那里会合。岬前的海湾是世界各国的轮船必经的航道。悉尼歌剧院就像是一组洁白的雕塑，坐落在这座岛上。

▲悉尼歌剧院

约翰·伍重

约翰·伍重，1918年出生于丹麦，曾经是一名优秀的水手。1942年毕业于一个高等艺术专科学校。二战爆发后逃往瑞典，后来去了芬兰，与阿尔瓦·阿尔托一起工作。他游历了很多地方，中国、日本、墨西哥、美国、印度、澳大利亚等。他触角遍及中国、日本的文化，他把那些古代的传统与自己和谐的修养相结合，形成了一种艺术化的建筑感觉。他总是领先于他的时代。其传世之作有悉尼歌剧院、巴格斯韦德教堂等。

悉尼歌剧院这座美丽的歌剧院是丹麦建筑师约翰·伍重在1957年设计的，当时他只有37岁。伍重考虑到，要让歌剧院不仅可以从海面上和陆地上看到，而且还能从两岸的高层建筑以及飞机上清楚地看到，因此，这座歌剧院应该有五个立面。伍重还将整个剧院里的一个音乐厅、一个歌剧厅、一个餐厅的上方，覆盖了三组既像贝壳，又像白帆似的屋顶。

在这三组壳顶的下面，是一片桃红色的花岗岩大基座，基座南端沿街是一个大台阶，顺台阶而上可以直达基座的顶面，并进入音乐厅、歌剧厅和餐厅。另外，话剧场、大陈列厅、举行酒会的接待厅、几个大小不同的排练厅以及办公室、存衣室、储藏室、内部餐厅等各种公共辅助用房都安排在基座里面。

歌剧院巧妙的设计

音乐厅可容纳2700名观众，歌剧厅可以容纳1550名观众。这两个厅的南北两端都有休息厅和休息廊，两侧也有休息厅和休息廊。悉尼歌剧院和一般歌剧院不同的是，观众进门以后就正对着舞台的背后，他们必须绕过舞台从两侧进入观众厅。据建筑师伍重说，之所以这样安排，是为了使屋顶的薄壳排列有最好、最完美的造型艺术效果和音乐效果。

▲悉尼歌剧院内部

北端的休息廊直接临近海面，观众和前来观光的游人可以在这里眺望悉尼海湾的绚丽景色。来往着的各种各样的船只、悉尼大桥以及层层叠叠的高层建筑，都历历在目。

悉尼歌剧院的玻璃墙面上所用的玻璃是特制的双层玻璃，每层厚16毫米，这样就可保证即使玻璃破碎，也不至于掉下来伤到人。

音乐厅和歌剧厅的室内音响是丹麦的音响世家乔丹父子设计的。音乐厅的顶棚上有用来扩散声音的，像炮筒一样向下突出的装饰。舞台上方还有可以自由升降的丙烯塑料制成的大圆环，也具有反射声音的作用。

▲悉尼歌剧院内部

歌剧厅的舞台有440平方米，可以演出歌剧、话剧和芭蕾舞剧。歌剧厅室内色调灰暗，可是舞台大幕的色彩却非常鲜明，它把观众的注意力一下子都吸引了过去。1973年9月28日，悉尼歌剧院建成后首次公演，据说效果极佳，引起了轰动。现在如果想在这里看一场演出，必须提前两个月预订演出票。

音乐厅、歌剧厅、餐厅的屋顶的薄壳是委托欧洲结构学权威阿鲁普设计的。实际上，尽管这些壳看起来大小、高低不一，是由许多大小和形状相同。一段段的在地面上预制好的钢筋混凝土构件拼接而成的。这些壳面上贴满了瑞典生产的白色有光泽的和米黄色的粗面陶瓷砖，这种砖不怕风雨侵蚀、结实耐用、历久如新。十对壳面在蓝天下闪闪发光，显得雄伟而壮丽，飘逸而典雅。

建造历程充满坎坷

悉尼歌剧院的建成，有一段坎坷的历程。

1956 年，当时的澳大利亚政府总理凯希尔以政府名义筹建悉尼歌剧院。院址就选在引人注目的班尼朗岬上，并为此举办世界性的设计方案竞赛。当时，从 30 个国家收到了 223 件设计图，评委会从中选出了 10 件候选设计图。著名建筑家沙里宁赶到澳大利亚，他对这 10 件候选设计图都不满意，最终他亲自选中了由丹麦建筑师伍重设计的方案。当初伍重为了在设计竞赛中独占鳌头，直到临近交卷时限时，才想出这个方案。可是绘正规的设计图已经来不及了，只好在纸上徒手画了一幅极其简单的示意性的草图，寄给了评委会。但是由于沙里宁是一位偏爱薄壳屋顶的著名建筑师，他特别看中伍重的方案，在许多人的反对声中，他坚持把伍重列为头奖。

▲悉尼歌剧院夜景

开始筹备施工。由于这群造型奇特的薄壳在方案设计阶段仅是“灵感一现”，因此如何实现它，遇到了极大的困难。世界上著名的结构学权威，英国人阿鲁普也认为这群薄壳是无法建造起来的。这时候有很多人提议否定这个方案。但总理凯希尔支持了伍重，到了 1963 年，基座部分建成了。

在施工的六年期间，伍重继续与阿鲁普一直设想以各种薄壳来解决问题，如抛物线薄壳、带肋的薄壳、双层薄壳等，结果全部失败。后来他们决定放弃薄壳的设想，而改用一片片人字形的拱肋拼接，终于获得了成功。

后来凯希尔总理因病去世，新任总理不支持伍重，将伍重排除出工程主要领导地位。但是木已成舟，工程必须仍按伍重和阿鲁普的想法干下去，工程又建设了十年时间，到 1973 年才全部结束，整个工程造价比原来预计的增加了 14 倍。

安德鲁设计戴高乐机场

戴高乐机场是世界上最大的机场之一。为了便于人员和货物集散，按水泵的原理，戴高乐机场的候机楼被设计成圆形。这座圆形建筑的当中是个开敞的天井，天井可用于自然采光、通风，而且天井中交叉的自动步道，便于进港层和出港层的交通。

美丽无比的外观

▲保罗·安德鲁

戴高乐机场位于法国巴黎东北郊，占地2995公顷，有4条长3600米、宽45米的跑道。它距市中心24千米，设计最高容量为每小时150架次飞机起降，是当时世界上最大的机场之一。戴高乐机场始建于1966年，1974年完工。设计师是时年只有29岁的保罗·安德鲁。

乘飞机鸟瞰巴黎这座欧洲著名城市，在风和日丽的时候，一定能清晰地见到这座规模巨大，形同蛋糕的戴高乐机场。这个机场共有两座候机楼，一个空中航运中心，一个供热、空调的动力中心，一个消防站，一片货运区，一片维修区及机库，一座空中“厨房”，还有一些辅助设施。

从空中看，供国际航线使用的一号候机楼呈梅花形，当中的“花蕊”是座高11层（地下2层，地上9层）的建筑物。为了便于人员和货物集散，候机楼按水泵的原理设计成圆形。这座圆形建筑的当中是个开敞的天井。天井可用于自然采光、通风，而且天井中交叉的自动步行道，便于进港层和出港层的交通。

保罗·安德鲁

保罗·安德鲁，1938年生于法国波尔多市，毕业于法国高等工科学校、法国道桥学院和巴黎美术学院。他毕业以后一直在巴黎机场公司工作。多年来，安德鲁的作品遍布世界各国。他的作品以大胆新奇著称，有着动人心魄的魅力，但也因安全问题受到过质疑。

主体不凡的设计

由于欧洲各国交通工具十分发达，汽车可通过机场外围的公路网直接开入圆形候机楼的首层——出港层内部，乘客可将汽车开至第五至第八层停车层存放，然后再乘电梯回到首层。这些停车层每层可停放1000辆汽车。如果乘客是搭乘出租汽车而来，则可直接在出港层下车，旅客大厅内的环形柜台可以同时给120名乘客办理登机手续。乘客办完手续后可乘自动步道到第二层——转运层，直接转至登机楼登机。乘客还可

▲俯瞰戴高乐机场

▲戴高乐机场内景

乘自动步道到地下层——商店、服务层去购买免税商品。

机场建筑中往往十分强调旅客行走路线的便捷。戴高乐机场候机楼设计成梅花形，使得旅客的路线安排是很方便的。

戴高乐机场第二层是转运层，有 7 条 170 米长的地道与“花瓣”状的卫星登机楼相沟通，来往乘客均由此进出。

第三层是进港层，这里还专门辟了接客点，内设各种指示牌，让接客者在此迎候。旅客下机后先从转运层到达这里，再到达港层中间一圈海关检疫处检查，然后再由外围的停车场地搭车到市区。

第四层为技术层，一号候机楼的动力、空调、变电均安装在此。地下二层是行李总分拣处，进出港的大型行李集装箱在此拆装、分类。

候机楼的整体感是非常突出的，室内设计不片面地追求高大。外观的立面朴素无华。室内的装修也极其简洁、明丽，色彩淡雅。构件是黑色，家具是白色，地面是黑白相间。如指示板、指路标、椅凳、公共家具等才使用了彩色调。在地下一层的商店区，也用了暖色，用来烘托繁华热闹的商业气氛。

整幢候机楼墙内还安装了许多低功率扬声器及自动火警系统、自动电视监视系统等现代化设施。从建筑设计角度看，整个候机楼共用了 18 万立方混凝土和 1.6 万吨钢材。

辅助的设计

与候机楼相辅的卫星登机楼是四层梯形建筑，分别用于技术服务和机坪服务，每层面积均为 2500 平方米。

二号候机楼总高为四层，功能分布上与一号登机楼有些相似，也有技术层、交通层、服务层和夹层等。但在布局上，二号候机楼和一号候机楼截然不同。它呈花边状，由 8 个弧形的建筑组成，每个弧形建筑的宽阔的一面对着停机坪，而较狭小的一面则是停车场与联系外界公路网的汽车道。

戴高乐机场的最大客流量 5000 万人次的容量，人们将这座交通建筑恭维为“机器”。它拥有完美的后勤保障设置：200℃的供暖用水、冷却水、5.5 兆伏安的柴油交流发电机、高功率的消防车、79.25 米的控制塔台内装全自动的照明系统、导航降落系统、全向信标台、测距仪。它的维修区和机库区的面积达 20 万平方米。有 6 个重达 15 吨的金属门。机场的主跑道厚 41 厘米，能适应各种飞机起落。